冬季膳食

《本草·膳——五季调身》第五册

首席专家 刘学文

主编 刘福龙 方振伟

人民卫生出版社

图书在版编目（CIP）数据

冬季膳食 / 刘福龙，方振伟主编. --北京：人民体育出版社，2020（2022.4重印）
（本草·膳.五季调身；第五册）
ISBN 978-7-5009-5771-3

Ⅰ.①冬… Ⅱ.①刘… ②方… Ⅲ.①保健—食谱 Ⅳ.①TS972.161

中国版本图书馆CIP数据核字（2020）第051588号

*

人民体育出版社出版发行
北京建宏印刷有限公司印刷
新 华 书 店 经 销

*

787×1092　16开本　14.75印张　258千字
2020年11月第1版　2022年4月第2次印刷

*

ISBN 978-7-5009-5771-3
定价：248.00元（全书共五册）

社址：北京市东城区体育馆路8号（天坛公园东门）
电话：67151482（发行部）　　邮编：100061
传真：67151483　　　　　　　邮购：67118491
网址：www.sportspublish.cn

（购买本社图书，如遇有缺损页可与邮购部联系）

导　言

本书把草药与膳食结合起来，意在创造一种"本草·膳"文化。简单地说，就是将通常苦涩的药品变成可口的食物，使人们在享受美食的同时达到祛病强身的目的。

本书又把药食与季节结合起来，强调随季节变化更换食物以调身。古老的中医学根据五行学说，对应食品之五味和人体之五脏，将自然界的季节也划分为五季，即将我国大部区域之漫长的夏季拆分为夏和长夏两季。其理论认为，春季重在助人体之生，夏季重在助人体之长，长夏重在助人体之化，秋季重在助人体之收，冬季重在助人体之藏。

本书依据中医学调身理论，在以国家级名老中医刘学文教授为首的《本草·膳——五季调身》专家委员会的鼎力帮助下，历时八年，以150多种可用于保健的草药与大众食材配伍，或研制或收录了870多个饮食品种，力求为广大现代家庭提供既丰富多彩又养生健体的新型膳食。

为方便阅读，本书依季节分为五册，分别为《春季膳食》《夏季膳食》《长夏膳食》《秋季膳食》和《冬季膳食》。第一册首设"序"，第五册末设"跋"，不重复列。各册正文始均有"开篇"，各册正文末均有"结语"，以突出各册之重点。

为方便检索，在各册末均安排了该册的"食材索引"和"膳食辅助性治疗索引"。在此有必要说明，尽管书中列出的食疗方多源于中医师的长年经验，且均符合《卫生部关于进一步规范保健食品原料管理的通知》要求，但仍应因人、因时、因病而异，故只能作为参考。

主编者
于2019年10月

目 录

开篇　冬食以藏　　　　　　　　　　　　　　1

五加皮　　　　　　　　　　　　　　　　　　2

　　五加皮配猪肉　健脾益气，温补肾阳　　　3
　　五加皮配黄酒　祛风止痒，补肾通络　　　4
　　五加皮配糯米　祛风除痹，补益肝肾　　　5
　　五加皮配沙梨皮　健脾益肾，利水消肿　　6

泽泻　　　　　　　　　　　　　　　　　　　7

　　泽泻配粳米　健脾益气，利水消肿　　　　8
　　泽泻配羊骨　益肝养血，补肾乌发　　　　9
　　泽泻配红茶　补肾除湿，利水消肿　　　　10
　　泽泻配冬瓜　清热消暑，养阴生津　　　　12

车前子 13

车前子配石榴　温里散寒，涩肠止泻　　14
车前子配油麦菜　清热利湿，通利小便　15
车前子配黑茶　补益肝肾，固精缩尿　　16
车前子配粳米　清热止泻，利水消肿　　17

肉桂 18

肉桂配红糖　温补脾肾，通利血脉　19
肉桂配鸡肝　温补脾肾，固涩小便　19
肉桂配黑茶　温中健脾，散寒止痛　20
肉桂配粳米　温通经脉，健脾止泻　21

怀牛膝 22

怀牛膝配鹿肉　温中补虚，补肾壮阳　23
怀牛膝配糯米　温阳散寒，强筋壮骨　23
怀牛膝配粳米　健脾除湿，通络止痛　24
怀牛膝配兔肉　益胃滋阴，温中补虚　25
怀牛膝配羊肉　温补阳气，通络止痛　26

生牡蛎 27

生牡蛎配蚝黄肉　益气养血，重镇安神　28
生牡蛎配洋葱　补益肝肾，消积化痰　　29
生牡蛎配牛肉　补脾益气，强筋壮骨　　30

生牡蛎配野猪肉	健脾益气，安神壮骨	30
生牡蛎配鳕鱼	滋阴清热，平抑肝阳	31
生牡蛎配海带	软坚散结，滋阴补虚	32

煅牡蛎 33

煅牡蛎配猪肉	益气敛汗，滋阴补血	34
煅牡蛎配乌骨鸡	养血安神，益气养阴	34
煅牡蛎配香菇	健脾和胃，益气敛汗	35
煅牡蛎配大白菜	敛汗养阴，和胃止痛	36

熟地 37

熟地配鸡肉	补益肾阴，益气养血	38
熟地配白酒	补肾填精，活络止痛	38
熟地配粳米	补益肝肾，健脾益气	39
熟地配鸡蛋	补肾养心，益气养血	40
熟地配海参	滋阴补肾，益肝养血	41
熟地配羊肝	补益肾阴，养肝明目	43

制何首乌 44

制何首乌配鸡蛋	补益肝肾，美容养颜	45
制何首乌配甲鱼	滋补肝肾，清热养阴	46
制何首乌配粳米	补益肝肾，益精养血	47
制何首乌配鸡肉	养血调经，益气健脾	48
制何首乌配小米	益气养血，补益肝肾	49
制何首乌配黑豆	补益肝肾，益精乌发	50

枸杞子　　52

枸杞配猪肉　滋补肝肾，温中补虚	53
枸杞配白蘑菇　补肾健脾，美容养颜	54
枸杞配鲫鱼　补益肝肾，利水除湿	55
枸杞配羊骨　补益肝肾，强筋壮骨	56
枸杞配牛肉　补益肝肾，益精养血	56
枸杞配猪肝　补益肝肾，养肝明目	57
枸杞配豌豆　补益肝肾，健脑益智	58
枸杞配鸡肉　补益肝肾，益气健脾	58
枸杞配鸡蛋　补益肝肾，益气填精	59

益智仁　　60

益智仁配红茶　温补脾肾，固精缩尿	61
益智仁配白酒　温补脾肾，涩精止遗	61
益智仁配鸭肉　补脾益肾，健脑益智	62
益智仁配猪脬　温肾助阳，缩尿止遗	62
益智仁配羊肾　温补脾肾，缩尿止遗	64

黑芝麻　　66

黑芝麻配粳米　补养五脏，乌须黑发	67
黑芝麻配糯米　健脑益智，美容养颜	68
黑芝麻配鸭肉　滋阴养胃，健脾利水	69
黑芝麻配白糖　补益肝肾，益气养血	70
黑芝麻配黄豆　温脾补肾，涩肠止泻	70

黑芝麻配猪大肠	补中益气，润肠通便	71
黑芝麻配青鱼	健脾益气，通利大便	72
黑芝麻配海带	健脾温中，利水渗湿	73

女贞子　　74

女贞子配白酒	补益肝肾，养血明目	75
女贞子配猪肝	滋补肝肾，养阴明目	75
女贞子配甲鱼	滋补肝肾，清热养阴	76
女贞子配香菇	益气养阴，柔肝养血	77
女贞子配芋头	滋补肝肾，明目乌发	78

墨旱莲　　79

旱莲草配黑豆	益气养阴，补肾明目	80
墨旱莲配鸡肉	滋阴清热，益肾填精	81
旱莲草配猪排	清热凉血，益气健脾	82
旱莲草配大白菜	滋阴清热，消肿止痛	83
旱莲草配冰糖	滋阴清热，补益肝肾	84
旱莲草配猪肝	补益肝肾，益气养血	84
旱莲草配粳米	益气健脾，滋阴清热	85

鳖甲　　86

鳖甲配红糖	滋阴清热，软坚散结	87
鳖甲配白酒	养血活血，祛风通络	87
鳖甲配鸡肉	益气养阴，培补脾肾	88
鳖甲配黄酒	滋阴清热，息风通络	89

桑葚　　　　　　　　　　　　　　　　　90

桑葚配白酒　滋阴补血，补肾乌发　　91
桑葚配粳米　滋补肝肾，益气健脾　　91
桑葚配芝麻　滋阴补阳，健益脾肾　　92
桑葚配冰糖　补血安神，补益肝肾　　92
桑葚配鸡蛋　益气养血，滋阴润燥　　93
桑葚配猪肝　滋阴养血，补益肝肾　　94
桑葚配猪肉　滋补肝肾，益气填精　　95
桑葚配糯米　补益肝肾，聪耳明目　　96
桑葚配黑豆　滋阴补阳，润肠通便　　96
桑葚配面粉　养阴润燥，美容养颜　　97

韭菜子　　　　　　　　　　　　　　　98

韭菜子配粳米　补肾固精，强壮腰膝　　99
韭菜子配蛏子　补肾壮阳，固精止遗　　99
韭菜子配牛奶　温胃散寒，健脾暖阳　　100
韭菜子配核桃仁　温肾壮阳，益智补脑　　101
韭菜子配鲤鱼　温肾壮阳，培补元气　　102
韭菜子配海虾　温肾助阳，散寒暖宫　　103
韭菜子配白蚬子　滋阴补肾，温补元阳　　103
韭菜子配羊肉　温肾散寒，通络止痛　　104

淫羊藿　　　　　　　　　　　　　　　　　　　　　105

　　淫羊藿配虾米　补肾壮阳，美容养颜　　　106
　　淫羊藿配鸭蛋　补肾固精，调和阴阳　　　107
　　淫羊藿配白酒　温补肾阳，通络止痛　　　108
　　淫羊藿配羊肉　补肾壮阳，暖脾和中　　　109

菟丝子　　　　　　　　　　　　　　　　　　　　　110

　　菟丝子配粳米　益肾健脾，养肝明目　　　111
　　菟丝子配白酒　补益肾阳，通阳止痛　　　112
　　菟丝子配花生仁　补肾固精，缩尿止遗　　112
　　菟丝子配狗肾　补肾壮阳，固精缩尿　　　113
　　菟丝子配羊肾　温肾散寒，培补元阳　　　114
　　菟丝子配狗肉　补肾壮阳，散寒通络　　　115
　　菟丝子配鸽子蛋　补肾壮阳，缩尿止遗　　115
　　菟丝子配鸡蛋　补益肝肾，填精益髓　　　116

蛤蚧　　　　　　　　　　　　　　　　　　　　　　118

　　蛤蚧配粳米　补肺纳气，止咳平喘　　　　119
　　蛤蚧配鸭肉　补肺益肾，止咳平喘　　　　120

杜仲 121

杜仲配白酒　补肾健脾，通经活络　122
杜仲配银耳　补益肝肾，润肺止咳　122
杜仲配核桃仁　补益肝肾，益智健脑　124
杜仲配牛鞭　培补元阳，强筋壮骨　124
杜仲配羊肾　补肾壮阳，乌须黑发　125
杜仲配猪肾　补肾壮阳，缩精止遗　127

沙苑子 128

沙苑子配驴肉　安神益智，缩精止遗　129
沙苑子配甲鱼　补肾益精，滋阴清热　130
沙苑子配粳米　补益肝肾，健脾益气　131

补骨脂 132

补骨脂配核桃仁　补肾助阳，美容养颜　133
补骨脂配猪肾　温补肾阳，纳气平喘　135

巴戟天 136

巴戟天配白酒　温肾壮阳，祛风除湿　137
巴戟天配米酒　补益肾阳，柔肝健脾　138
巴戟天配鹿鞭　补肾壮阳，益智健脑　138
巴戟天配海虾　温肾壮阳，填精益髓　139
巴戟天配狗肉　温肾助阳，培补元气　140

鹿茸　　　　　　　　　　　　　　　　　141

鹿茸配猪蹄　补肾壮阳，填精益髓　　142
鹿茸配白酒　补气健脾，温肾助阳　　142
鹿茸配鸡肉　补益五脏，益气养血　　143
鹿茸配驼肉　补气养血，培补元阳　　144

鹿骨　　　　　　　　　　　　　　　　　145

鹿骨配土豆　滋阴补血，益肾健脾　　146
鹿骨配白酒　益肾强骨，祛风通络　　147
鹿骨配玉米　温阳补肾，健脾补虚　　148

鹿角　　　　　　　　　　　　　　　　　149

鹿角粉配粳米　补肾益精，益气养血　150
鹿角配鸡肉　补益肝肾，强筋壮骨　　151

肉苁蓉　　　　　　　　　　　　　　　　152

肉苁蓉配羊肾　补肾填精，温补阳气　153
肉苁蓉配羊尾骨　补肾壮阳，强壮腰膝　155
肉苁蓉配羊肉　补肾壮阳，润肠通便　156
肉苁蓉配鹿肉　补肾益精，温补气血　157
肉苁蓉配羊骨　温肾补虚，强筋健骨　158
肉苁蓉配芋头　补肾壮阳，健脾通便　158

肉苁蓉配胡萝卜	补肾温阳，健脾理气	159
肉苁蓉配三文鱼	滋补肾阴，培补肾阳	160
肉苁蓉配牛肉	健脾益气，补肾壮阳	161
肉苁蓉配咖啡	补肾壮阳，填精补髓	162

金樱子　　　　　　　　　　　　　164

金樱子配小米	补肾固精，涩尿止遗	165
金樱子配粳米	收敛固精，涩肠止泻	166
金樱子配面粉	健脾益气，固涩止泻	166
金樱子配冰糖	收敛止汗，固涩止带	167

芡实　　　　　　　　　　　　　168

芡实配核桃仁	补脾益肾，补脑益智	169
芡实配粳米	补肾健脾，强心益智	170
芡实配豌豆	健脾止泻，温肾止带	171
芡实配冰糖	补脾益肾，宁心安神	172
芡实配香菇	补脾益气，温中补虚	172
芡实配松茸	补肾健脾，和胃消食	173
芡实配面粉	补肾健脾，收敛止泻	174
芡实配羊骨	补肾健脾，强筋壮骨	175

覆盆子　　　　　　　　　　　　　　176

覆盆子配乳鸽　补肾强筋，益气养血　　177
覆盆子配猪肚　滋补肝肾，固精缩尿　　178
覆盆子配粳米　补益肝肾，固精缩尿　　179

结语　　　　　　　　　　　　　　　180

食材索引　　　　　　　　　　　　　181

膳食辅助性治疗索引　　　　　　　　183

跋一　　　　　　　　　　　　　　　205

跋二　　　　　　　　　　　　　　　206

主要参考文献　　　　　　　　　　　209

特别鸣谢　　　　　　　　　　　　　214

开篇

冬食以藏

经云:"冬三月,此谓闭藏,水冰地坼,无扰乎阳。""肾主冬,足少阴太阳主治,其日壬癸,肾苦燥,急食辛以润之,开腠理,致津液,通气也。"冬季寒冷闭塞,万物蛰伏以度冬时,肾藏精为封藏之本,与冬气通。肾属水,在色为黑,在味为咸,在气为寒,属北方,冬季冰雪严凝,寒风凛冽,最易伤及肾阳。故冬季养生当避寒就温,敛阳护阴,固精益肾,重在养藏。

本册涉及泽泻、车前子等药食同源类或可应用于保健食品类的中药31种,以期指导读者通过合理的膳食搭配达到冬季敛阳护阴,固精益肾及防治本季常见病的目的。

五加皮

【来源】五加科植物细柱五加的根皮。

【性味归经】苦、辛、微甘，温。归肝、肾经。

【功效与主治】祛风除湿，强筋壮骨，补肝益肾，利水消肿。适用于风湿所致的腰膝疼痛、筋脉拘挛和肝肾亏虚所致的腰膝酸痛、小儿先天筋骨痿软、行动不利、体虚劳倦等症状，以及水湿内停所致的周身水肿、小便不利和湿热下注所致的带下过多、脚气等症状。现代医学研究表明，五加皮具有强心、利尿的作用。

【药理成分】含有丁香苷、刺五加苷、棕榈酸、亚麻酸、挥发油、维生素等。

【附注】阴虚火旺者不宜单独食用。

五加皮配猪肉 健脾益气，温补肾阳

五加皮蒜泥猪肉

【食药材】五加皮10克，猪瘦肉300克，蒜10克，生姜、葱、醋、酱油、盐、辣椒油、香油等调味品适量。

【膳食制法】

1. 将五加皮洗净，用纱布包好，备用。

2. 猪瘦肉洗净，切大块，放入砂锅内，加适量水、盐，放入药袋，武火烧开，文火炖猪肉至熟。

3. 猪肉捞出晾凉后，再切薄片，装入盘中。

4. 将蒜捣泥，加醋、生姜、酱油、辣椒油、香油调配料汁，浇于肉片上，即可食用。

【功效与主治】健脾益气，温补肾阳。适用于痹症、泄泻、水肿等疾病。对脾肾阳虚所致的畏寒肢冷、腹泻不止、腰膝酸软、面色苍白、不思饮食等症状，以及阳虚水泛所致的周身水肿、小便不利、周身沉重等症状有一定疗效。现代医学研究表明，本方对急慢性肾炎有一定防治作用。

【膳食服法】餐时服用。

五加皮配黄酒　祛风止痒，补肾通络

【食材介绍——黄酒】

黄酒，由大米和黍米酿造而成，属于低度酒，是中国的特有酒类。黄酒含乙醇、多酚、琥珀酸、谷胱甘肽、葡萄糖、麦芽糖、维生素B、维生素E、钙、铁、镁等多种成分。中医认为，黄酒味甘、苦、辛，性温，具有通脉御寒、行药势的功效。现代医学研究表明，黄酒含多种功能性低聚糖，其几乎不被人体吸收，不产生热量，但可促进肠道内有益菌群生长发育，改善肠道功能，增强免疫力。黄酒含有多酚、谷胱甘肽等活性成分，具有清除自由基的功效，可以预防心血管病、抗癌、抗衰老。黄酒富含B族维生素和维生素E，常饮黄酒有利于美容、抗衰老。黄酒含有大量的蛋白质，其蛋白质多以肽和氨基酸的形态存在，易被人体吸收。黄酒还含有多种维生素及矿物质，可为人体提供充足营养，有"液体蛋糕"之称。黄酒有助于促进血液循环，改善新陈代谢，舒筋活络及驱寒。此外，黄酒常用作佐料，可以去腥膻，还能增加鲜美的风味。一般人均可饮用黄酒，尤其适宜于筋脉挛急、心腹冷痛、风寒痹痛等人群。酒精过敏者、儿童、孕产妇、哺乳期妇女及肝胆疾病、消化道疾病、泌尿系结石等人群不宜单独饮用。

五加皮山甲酒

【食药材】五加皮10克，制首乌6克，当归6克，穿山甲3克，生地6克，熟地6克，侧柏叶3克，黄酒1000克。

【膳食制法】

1. 将上几味药物洗净后烘干，打成粗粉，以纱布包裹，装入净瓶。
2. 将黄酒倒入净瓶，密封7日，每日摇晃1次。
3. 开封，去除药袋，即可饮用。

【功效与主治】祛风止痒，补肾通络。适用于痹症、水肿等疾病。对风寒湿邪内侵所致的行走不利、腰膝疼痛、时有晨僵、畏寒肢冷等症状，以及肾阳

不足所致的周身乏力、少气懒言、腰以下肿、小便不利、渴喜热饮等症状有一定疗效。现代医学研究表明，本方对风湿性疾病有一定防治作用。

【膳食服法】适量饮用。

五加皮配糯米 祛风除痹，补益肝肾

五加皮糯米酒

【食药材】五加皮6克，当归5克，牛膝5克，糯米1000克，甜酒曲适量。

【膳食制法】

1. 将以上中药洗净，纱布包好，放入砂锅，加水适量，武火烧开，文火煎煮30分钟，去渣浓缩取汁。

2. 再以药汁、糯米、酒曲混匀装坛酿酒，密封7日，每日摇晃1次，即可饮用。

【功效与主治】祛风除痹，补益肝肾。适用于痹症、腰痛、虚劳等疾病。对外感风寒湿邪所致的腰膝酸痛、肢体无力、行动不利、畏寒恶风等症状，以及肝肾亏虚所致的头晕耳鸣、筋骨痿软、面色不华、神疲乏力、身体瘦弱等症状有一定疗效。

【膳食服法】适量饮用。

【医学分析】膳食中的五加皮性味辛甘而温，外能祛风湿止痹痛，内能补肝肾壮筋骨，为除痹起痿之要药。辅以补血活血、温经止痛之当归和补益肝肾、强健筋骨、活血化瘀之牛膝，使其扶正祛邪之效更佳。又煎取药汁与糯米、酒曲酿酒，不但能助长药力，而且便于长期服用。此良药可口，避免了长久吃药之苦。气血不足、肝肾两亏，乃风寒湿邪乘虚客于腰膝所致，治宜补气血、益肝肾、祛风湿、止痹痛。本品既可治风寒湿痹，又可治肝肾亏虚，对风湿日久兼有肝肾两虚者，尤为适用。五味相配共奏祛风除痹、补益肝肾之效。适量饮用本品对外感风寒湿邪所致的痹症、腰痛、虚劳等病症有一定疗效。

【附注】本方的药性偏温，又具有补益之效，故而湿热痹证者慎用。方中的五加皮，应选用南五加。近代商品之北五加，又名香加皮，虽亦能祛风湿、止痹痛，但无补益作用，且有毒性，若过量或久服，易中毒。

五加皮配沙梨皮 健脾益肾，利水消肿

【食材介绍——沙梨皮】

沙梨皮，为蔷薇科植物沙梨的果皮。沙梨皮含有碳水化合物、维生素A、维生素C、钠、钾等多种成分。中医认为，沙梨皮味甘、涩，性凉，归肺、心、肾、大肠经，具有清心润肺、降火生津的功效。现代医学研究表明，常食沙梨皮可以帮助消化、促进食欲，缓解口鼻干燥、干咳少痰、咽干等症状，也能增加口中的津液以保养嗓子。一般人均可食用沙梨皮，尤其适宜于播音员、主持人、讲师、声音嘶哑、咽干口燥、干咳等人群。

五加皮猪肉煲

【食药材】五加皮6克，桑白皮3克，茯苓皮3克，沙梨皮30克，猪瘦肉500克，盐等调味品适量。

【膳食制法】

1. 将上述药材去渣洗净，用纱布包好，备用。猪肉切小块。
2. 砂锅中放入猪瘦肉和药袋，加水适量，武火烧开，文火煮至猪肉软烂，拣出药包加入食盐调味，即可食用。

【功效与主治】健脾益肾，利水消肿。适用于水肿、胃痛、虚劳等疾病。对脾肾亏虚所致的神疲乏力、纳差便溏、短气懒言等症状，以及脾肾阳虚水泛所致的周身水肿、小便不利、畏寒肢冷、腰膝酸软等症状有一定疗效。现代医学研究表明，本方对急慢性肾小球肾炎有一定的防治作用。

【膳食服法】餐时服用。

【来源】泽泻科植物泽泻干燥的块茎。

【性味归经】甘、淡，寒。归肾、膀胱经。

【功效与主治】利水渗湿，泄热消肿。适用于水湿内停所致的水肿、小便不利、痰饮停聚等症状，以及清阳不升所致的头重如裹、肢体不利和湿热下注所致的带下过多等症状。现代医学研究表明，泽泻有利尿、降压、降血糖、抗脂肪肝和抗菌等作用。

【药理成分】含有泽泻萜醇A、B、C，挥发油、生物碱、天门冬素、树脂等。

【附注】无湿热以及肾虚精滑者不宜单独食用。

泽泻配粳米 健脾益气，利水消肿

泽泻粳米粥

【食药材】泽泻5克，粳米50克。

【膳食制法】

1. 将泽泻洗净，烘干，打成细粉备用。
2. 粳米洗净，放入砂锅，加入泽泻粉，加水适量。
3. 煮粳米至熟，即可食用。

【功效与主治】健脾益气，利水消肿。适用于水肿、淋证、痰饮等疾病。对脾失健运所致的水湿停聚之痰多口黏、周身水肿、小便不利、大便溏稀等症状，以及膀胱气化功能失常所致的小便不利、淋漓涩痛等症状有一定疗效。现代医学研究表明，此粥食对慢性肾炎有一定防治作用。

【膳食服法】餐时服用。

【医学分析】膳食中泽泻甘淡渗湿，能利水消肿，有显著的利尿作用，能增加尿量，对于肾炎患者其利尿作用更为显著。粳米健脾益气，补土制水。两味相配共奏健脾益气、利水消肿之效。因脾虚失运、水湿壅滞、浸渍肌肤，故见全身皆肿、下肢尤甚、纳呆食少乏力，服用本品对于脾虚湿盛所致的慢性肾炎水肿有一定疗效。

泽泻配羊骨　益肝养血，补肾乌发

三羊开泰乌发汤

【食药材】泽泻10克，熟地6克，山药5克，山萸肉3克，丹皮3克，大枣5克，当归3克，红花3克，菟丝子3克，黑枸杞5克，天麻5克，侧柏叶3克，胡桃仁15克，黑芝麻100克，羊肉500克，羊头1个，羊骨300克，黑豆60克，胡椒粉15克，生姜30克，葱白50克，盐等调味品适量。

【膳食制法】

1. 将以上中药洗净，用纱布包好。

2. 将羊头打破，羊肉去筋膜，焯水后切大块，与羊骨一同洗净，再加入药包、姜、葱、黑豆及适量水，以武火煮至沸腾。

3. 撇去浮沫，改用文火炖至羊肉完全熟烂，去药包，加食盐、胡椒粉调味，即可食用。

【功效与主治】益肝养血，补肾乌发。适用于虚劳、眩晕、头痛、早衰等疾病。对肝肾不足所致的须发早白、少发脱发、牙齿松动、头晕头痛、腰膝酸软等症状，以及气血不足所致的倦怠乏力、短气懒言、动则汗出等症状有一定疗效。

【膳食服法】餐时服用。

【附注】发热者慎服。

泽泻配红茶 补肾除湿，利水消肿

【食材介绍——红茶】

红茶，由山茶科植物茶的芽叶制作而成，属全发酵茶。红茶含有茶多酚、胡萝卜素、维生素A、钙、磷、镁、钾、咖啡碱、氨基酸等多种成分。中医认为，红茶归肾经，具有滋肾固肾、温补肾阳的功效。现代医学研究表明，红茶中的咖啡碱可以兴奋大脑，促使注意力集中，加强思维反应能力，提升记忆力。红茶中的咖啡碱和芳香物质共同作用于肾脏，既可以增加肾脏的血流量，又能提高肾小球过滤率，还能扩张肾微血管，并抑制肾小管对水的再吸收，从而具有利尿作用。红茶中含有的多酚类物质具有消炎的功效，红茶中的茶多碱能吸附、分解重金属，从而具有解毒功效。红茶中的抗氧化成分可以延缓人体衰老。红茶是全发酵茶，具有养胃护胃的功效。红茶可以兴奋血管和心脏，加速血液循环，以利于排出人体产生的代谢物。红茶含有的多酚类、氨基酸等物质在口中经过一系列转化后可以刺激唾液分泌，濡润口腔。一般人均可饮用红茶或食用红茶制品，尤其适宜于"三高"（高血压、高血糖、高血脂）、冠心病、动脉硬化、肥胖等人群。孕产妇、哺乳期妇女、儿童、发热、消化道溃疡、失眠、习惯性便秘等人群不宜单独食用。

泽泻红茶

【食药材】泽泻3克，红茶5克。

【膳食制法】

1. 将泽泻洗净，用纱布包好，放入砂锅，加水适量，武火烧开，文火煎煮30分钟，去渣取汁。

2. 将药液烧开，冲泡红茶，即可饮用。

【功效与主治】补肾除湿，利水消肿。适用于水肿、眩晕、头痛、消渴等疾病。对水湿泛滥所致的周身水肿、头身困重、头晕头痛、四肢困重等症状，以及肝肾不足所致的口渴多饮、心烦躁扰、五心烦热、腰膝酸软等症状有一定疗效。现代医学研究表明，本方对高血压病有一定防治作用。

【膳食服法】代茶饮。

泽泻五味茶

【食药材】泽泻7克，茯苓3克，杜仲3克，牛膝3克，干姜2克，红茶5克。

【膳食制法】

1. 将以上中药洗净，用纱布包好，放入砂锅，加水适量，武火烧开，文火煎煮30分钟，去渣取汁。

2. 将药液烧开，冲泡红茶，即可饮用。

【功效与主治】利水消肿，滋补肝肾。适用于水肿、腰痛、眩晕等疾病。对脾肾亏虚所致的下肢浮肿、腰膝冷痛、倦怠乏力、少气懒言等症状，以及肝肾不足所致的听力减退、烦躁易怒、腰膝酸软、手足心热、头痛头晕等症状有一定疗效。现代医学研究表明，本方对高血压等病症有一定防治作用。

【膳食服法】代茶饮。

泽泻配冬瓜　清热消暑，养阴生津

泽泻冬瓜鲫鱼汤

【食药材】泽泻5克，猪苓3克，淡竹叶3克，荷叶3克，炒薏苡仁30克，老冬瓜800克，鲫鱼1条，猪五花肉50克，生姜3片，食盐等调味品适量。

【膳食制法】

1. 将猪苓、泽泻、薏苡仁、荷叶、淡竹叶洗净，用纱布包好，放入砂锅，加水适量，武火烧开，文火煎煮30分钟，去渣取汁。

2. 冬瓜洗净，连皮、籽切块备用。

3. 将鲫鱼宰杀洗净，双面煎至微黄。

4. 将药汁、冬瓜、鲫鱼、猪肉、姜一起放入砂锅，加水适量，武火烧开，文火炖至鱼将熟，加食盐调味，慢炖至鱼熟，即可食用。

【功效与主治】清热消暑，养阴生津。适用于中暑、水肿、淋证等疾病。对水湿泛滥所致的周身水肿、肢体重着、倦怠乏力、头重如裹和外感暑热邪气所致的口干口渴、心情烦躁、汗出明显等症状，以及膀胱湿热下注所致的小便不利、淋漓涩痛等症状具有一定疗效。

【膳食服法】餐时服用。

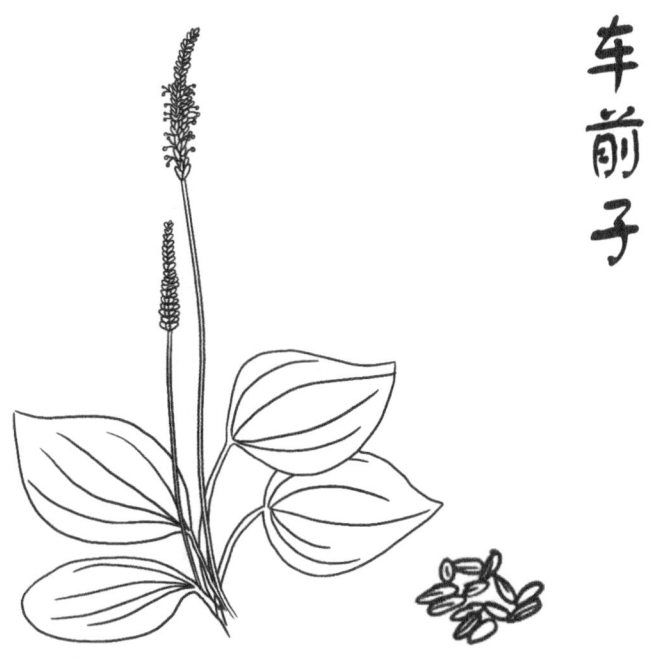

车前子

【来源】车前科植物车前或平车前的干燥成熟种子。

【性味归经】甘，微寒。归肝、肾、肺、小肠经。

【功效与主治】清热利尿，渗湿通淋，清肝明目，祛痰清肺。适用于湿热蕴结膀胱所致的小便不利、腰重脚肿和脾虚湿盛所致的泄泻、便溏等症状，以及肝热上扰所致的头晕目眩、目赤肿痛和肺热所致的咳嗽、痰多等症状。现代医学研究表明，车前子对急慢性肾盂肾炎、尿路感染有一定疗效。

【药理成分】含有粘液质、皂苷、车前子碱、胆碱、腺嘌呤、琥珀酸、树脂、维生素等。

【附注】肾虚精滑者不宜单独食用。

车前子配石榴　温里散寒，涩肠止泻

【食材介绍——石榴】

石榴，石榴科植物石榴的果实。石榴果粒酸甜可口多汁，营养价值高。石榴含有花青素、叶酸、硼酸、鞣酸、红石榴多酚、维生素C、维生素B、碳水化合物、磷、钾等多种成分。中医认为，石榴味甘、酸、涩，性温，具有生津止渴、涩肠的功效。现代医学研究表明，石榴含丰富花青素和红石榴多酚，此两种物质具有强大的抗氧化能力，能清除体内的自由基，可以延缓衰老、预防动脉硬化。石榴含有较多具有抗菌作用的生物碱，对金黄色葡萄球菌、痢疾杆菌等有明显的抑制作用。石榴含有硼酸和鞣酸，能帮助清除口腔内部的菌类，消除口臭。石榴中有大量维生素、有机酸、碳水化合物及矿物质，能够补充人体所缺失的微量元素和营养成分，有助于身体发育。一般人均可食用石榴，尤其适宜于口干舌燥、腹泻、口臭、动脉硬化等人群。便秘、糖尿病、感冒等人群不宜单独食用。

车前石榴饮

【食药材】 车前子5克，干姜3克，石榴100克，糖等调味品适量。

【膳食制法】

1. 将车前子洗净捣碎，干姜洗净，一同用纱布包好，放入砂锅，加水适量，武火烧开，文火煎煮30分钟，去渣取汁。
2. 石榴洗净，带皮切块，与药汁同入砂锅，加水适量。
3. 武火烧开，文火煎煮20分钟，加糖搅拌均匀，即可服用。

【功效与主治】 温里散寒，涩肠止泻。适用于水肿、淋证、泄泻等疾病。对寒湿内侵所致的大便溏薄、腹部冷痛、周身困重等症状，以及水湿停聚所致的周身浮肿、小便不利、下肢沉重等症状有一定疗效。现代医学研究表明，本方对肠炎有一定防治作用。

【膳食服法】餐时服用。

【医学分析】膳食中干姜味辛大热，功专温里散寒。车前子利水道，分清浊，实大便。将二者配伍使用，多用于治疗外感寒湿引起的急性肠炎。石榴味酸涩而性温，可涩肠止泻。三味相配共奏温里散寒、涩肠止泻之效。若寒湿内侵，会犯及脾胃及大小肠，使运化传导失职，引起泄泻。故使用本品对肠道传导失司所致的水肿、淋证、泄泻等病症有一定疗效。

【附注】大便灼热者慎用。

车前子配油麦菜　清热利湿，通利小便

【食材介绍——油麦菜】

油麦菜，属菊科植物。油麦菜含有蛋白质、胡萝卜素、维生素A、维生素B_1、维生素B_2、钙、铁、硒等多种成分。中医认为，油麦菜味微苦，性寒，具有清热利尿、清肝利胆、静心安神的功效。现代医学研究表明，油麦菜可以开胃促消化，改善肝脏功能，促进胆汁排泄，有效预防胆汁性肝硬化。油麦菜有利尿和促进血液循环的功效，尿液排出增多，可以缓解高血压以及心脏病。油麦菜中的莴苣素有助于缓解神经紧张，改善睡眠。油麦菜富含膳食纤维，可消脂通便，同时油麦菜又是低热量蔬菜，常食油麦菜有助于减肥瘦身。一般人均可食用油麦菜，尤其适宜于高血压、冠心病、神经衰弱、失眠、减肥者等人群。

车前油麦粥

【食药材】车前子6克，扁蓄3克，粳米50克，油麦菜50克，食盐等调味品适量。

【膳食制法】

1. 将车前子洗净并捣碎，扁蓄洗净，一同用纱布包好，放入砂锅，加水适量，武火烧开，文火煎煮30分钟，去渣取汁。

2. 油麦菜洗净，切段备用。

3. 砂锅放入粳米、药汁及适量清水，煮至米将熟，加入油麦菜和食盐适量，待粥熟，即可食用。

【功效与主治】清热利湿，通利小便。适用于水肿、淋证等疾病。对湿热下注所致的小便短少其色黄赤、淋漓涩痛、小腹疼痛、下肢水肿、发热烦躁、周身重浊感等症状有一定疗效。现代医学研究表明，本方对前列腺肥大及尿路感染等病症有一定防治作用。

【膳食服法】餐时服用。

【医学分析】膳食中扁蓄、车前子性味甘寒，归肾、膀胱经，有清热利湿、利尿通淋功能。油麦菜性凉，能够清热利湿、消炎杀菌、通利小便。粳米益气以助膀胱气化。四味相配共奏清热利湿、通利小便之效。故服用本品对湿热下注所致的淋证（前列腺疾病）、水肿等病症有一定疗效。

车前子配黑茶　补益肝肾，固精缩尿

【食材介绍——黑茶】

黑茶，由山茶科植物茶的芽叶制作而成，属后发酵茶。黑茶含有咖啡碱、茶多酚、茶色素、茶多糖、维生素C、维生素E、氨基酸、锌、锰、铜等多种成分。中医认为，黑茶归肾经，具有滋肾固肾、温补肾阳的功效。现代医学研究表明，黑茶具有解油腻、消食的功效，黑茶中的咖啡碱能促进胃液分泌以增进食欲，黑茶还能理顺肠胃。黑茶富含可以降血脂和血糖的茶多糖，黑茶中的咖啡碱和茶多酚类物质能扩血管以降压，黑茶亦能软化血管、抗血凝，故黑茶对防治"三高"及相关心脑血管疾病有极大裨益。黑茶中的儿茶素、维生素C、维生素E和茶多糖等物质具有抗氧化及清除自由基的功能，进而具有抗衰老的作用。黑茶提取物对多种肿瘤具有显著抑制作用。黑茶中的茶黄素还具有消炎杀菌功效，对金黄色葡萄球菌、流感病毒有一定抑制能力。黑茶中的咖啡碱还有利尿效果，并且有助于醒酒。黑茶中的茶多酚对重金属有很强的吸附作用，常饮茶还可缓解重金属中毒。一般人均可饮用黑茶，尤其适用于血脂异常症、糖尿病、高血压、肥胖、动脉硬化等人群。儿童、孕妇及哺乳期妇女、神经衰弱、失眠等人群不宜单独饮用。

车前二虫茶

【食药材】车前子5克，蟋蟀1克，蝼蛄1克，黑茶5克。

【膳食制法】

1. 将车前子洗净捣碎，与蟋蟀、蝼蛄一同用纱布包好，放入砂锅，加水适量，武火烧开，文火煎煮30分钟，去渣取汁。

2. 用药汁冲泡黑茶，即可饮用。

【功效与主治】补益肝肾，固精缩尿。适用于淋证等疾病。对肝肾亏虚所致的小便频数、淋漓涩痛、腰膝酸软等症状有一定疗效。现代医学研究表明，本方对前列腺肥大有一定防治作用。

【膳食服法】餐时服用。

车前子配粳米　清热止泻，利水消肿

车前瞿麦粳米粥

【食药材】车前子5克，瞿麦3克，粳米100克，白糖等调味品适量。

【膳食制法】

1. 将车前子洗净并捣碎，瞿麦洗净，一同用纱布包好，放入砂锅，加水适量，武火烧开，文火煎煮30分钟，去渣取汁。

2. 砂锅放入粳米、药汁及适量清水，煮至米将熟，加入白糖搅拌，待粥熟，即可食用。

【功效与主治】清热止泻，利水消肿。适用于淋证、水肿、泄泻等疾病。对湿热下注所致的小便短少、其色黄赤、淋漓涩痛等症状，以及水停大肠所致的腹部不适、大便溏薄等症状有一定疗效。现代医学研究表明，本方对尿路感染有一定防治作用。

【膳食服法】餐时服用。

肉桂

【来源】樟科植物肉桂干燥的树皮。

【性味归经】辛、甘，大热。归肾、脾、心、肝经。

【功效与主治】补火助阳，引火归源，温经通络，散寒止痛。适用于肾阳不足、命门火衰所致的腰膝冷痛、宫寒阳痿、夜尿频多等症状，以及外感寒邪入里或脾胃虚寒所致的泄泻、腹痛、胃痛和冲任虚寒所致的月经不调、痛经、闭经等症状。

【药理成分】含有桂皮醛、乙酸桂皮酯、乙酸苯丙酯等。

【附注】咽干舌燥、咽喉肿痛、鼻子出血等热症及各种急性炎症者，均不宜单独食用。

肉桂配红糖　温补脾肾，通利血脉

肉桂粳米红糖粥

【食药材】肉桂5克，粳米100克，红糖适量。

【膳食制法】

1. 将肉桂洗净，用纱布包好，放入砂锅，加水适量，武火烧开，文火煎煮30分钟，去渣取汁。
2. 粳米加适量清水及药汁，煮至粥熟。
3. 加入红糖搅匀，即可食用。

【功效与主治】温补脾肾，通利血脉。适用于虚劳、腹痛、阳痿、遗精、不孕等疾病。对脾肾阳虚所致的腰膝冷痛、畏寒肢冷、胃脘冷痛、小便清长、周身乏力、少气懒言等症状，以及肾阳虚衰所致的宫冷不孕、性功能减退等症状有一定疗效。

【膳食服法】餐时服用。

【医学分析】膳食中肉桂性大热，能温肾壮阳、暖脾温胃、散寒通经。《本草汇言》中说："肉桂治沉寒痼冷药也。"粳米、红糖能益胃气而补脾虚，助肉桂之力。三味相配共奏温补脾肾、通利血脉之效。故服用本品对脾肾阳虚所致的虚劳、腹痛、阳痿遗精、不孕等病症有一定疗效。

肉桂配鸡肝　温补脾肾，固涩小便

【食材介绍——鸡肝】

鸡肝，为雉科动物家鸡的肝脏。鸡肝含有蛋白质、脂肪、维生素A、维生素C、尼克酸、钙、硒、铁等多种成分。中医认为，鸡肝味甘，性温，归肝、肾经，具有补肝益肾的功效。现代医学研究表明，鸡肝中有丰富的铁元素，常食鸡肝有助于防治缺铁性贫血。鸡肝中维生素A能保护眼睛，维持正常视力，防治眼睛疾病。鸡肝中的维生素B_2参与人体多种代谢。鸡肝中含有的维生素C和微量元素硒，有较强的抗氧化功效，可清除体内的自由基，减缓机体衰老，有抗氧化、防衰老的功效。一般人均可食用鸡肝，尤其适宜于视力下降、夜盲症、缺铁性贫血等人群。

肉桂鸡肝

【食药材】肉桂5克，雄鸡肝200克，盐、葱、姜、黄酒等调味品适量。

【膳食制法】

1. 将肉桂洗净，掰块备用。将雄鸡肝洗净，切大片。
2. 肉桂、雄鸡肝放入瓷碗，加入葱、姜、盐、黄酒、适量清水。
3. 隔水炖，武火烧开，文火至肝熟，即可食用。

【功效与主治】温补脾肾，固涩小便。适用于虚劳、遗尿、不孕等疾病。对脾肾阳虚所致的小便清长、夜尿频多、腰膝冷痛、周身乏力、倦怠懒言等症状，以及肾阳虚衰所致的宫冷不孕、小腹冷痛、大便溏薄等症状有一定疗效。

【膳食服法】餐时服用。

肉桂配黑茶　温中健脾，散寒止痛

肉桂黑茶羊肉汤

【食药材】肉桂5克，葱5克，黑茶10克，羊肉1斤，食盐、胡椒粉等调味品适量。

【膳食制法】

1. 将肉桂、黑茶洗净，用纱布包好。羊肉洗净切小块。
2. 将羊肉与纱布包放入砂锅中，加水适量，武火烧开，撇去浮沫，文火炖至肉将熟。
3. 加入食盐适量，待羊肉软烂，加入葱花、胡椒粉调味，即可食用。

【功效与主治】温中健脾，散寒止痛。适用于腰痛、腹痛、虚劳等疾病。对外感寒邪所致的胃部怕冷、腹部冷痛、畏寒肢冷等症状，以及脾肾阳虚所致的腰膝酸软、腹中冷痛、倦怠乏力、少气懒言、喜温喜按等症状有一定疗效。

【膳食服法】餐时服用。

肉桂配粳米　温通经脉，健脾止泻

肉桂薏米粥

【食药材】肉桂5克，炒薏苡仁30克，粳米50克。

【膳食制法】

1. 将肉桂、薏米及粳米洗净。
2. 待锅中水煮沸后，将以上食药材一同加入锅中。
3. 武火烧开，文火煎至粥熟，即可食用。

【功效与主治】温通经脉，健脾止泻。适用于呕吐、经行腹痛、月经不调等疾病。对脾胃虚寒所致的腹部冷痛、大便溏薄、口吐清水痰涎等症状，以及肾阳不足所致的月经量少、小腹疼痛、腰膝酸软、畏寒喜温等症状有一定疗效。

【膳食服法】餐时服用。

怀牛膝

【来源】苋科植物牛膝干燥的根。

【性味归经】苦、甘、酸，平。归肝、肾经。

【功效与主治】活血祛瘀，滋补肝肾，强筋壮骨，引火下行，利尿通淋。适用于肝肾不足所致腰膝酸软、四肢无力、肌肉萎缩和瘀血所致痛经、月经不调、产后腹痛、淋证、水肿、小便不利等症状，以及肝火逆上所致的头痛、眩晕等症状。现代医学研究表明，牛膝对高血压病、脑栓塞等疾病也有一定疗效。

【药理成分】含有皂苷、脱皮甾酮、牛膝甾酮、氨基酸、生物碱、多糖类等成分。

【附注】中气下陷、脾虚泄泻、下元不固、梦遗失精、月经过多者不宜单独食用。

怀牛膝配鹿肉　温中补虚，补肾壮阳

参牛群草鹿肉汤

【食药材】怀牛膝6克，人参3克，炙黄芪3克，淫羊藿3克，菟丝子3克，白术3克，白芍3克，茯苓3克，远志3克，当归3克，生姜3克，葱段10克，鹿肉500克，盐、胡椒粉等调味品适量。

【膳食制法】

1. 取鹿肉洗净，水焯，切成小丁。
2. 将以上中药洗净，用纱布包扎，与鹿肉、葱段、生姜一同放入锅内，加水适量，武火烧开，文火炖至鹿肉熟烂，捞出药包。
3. 加入胡椒粉、食盐、葱花调味，即可食用。

【功效与主治】温中补虚，补肾壮阳。适用于虚劳、阳痿、痛经等疾病。对素体虚弱所致的易于感冒、面色萎黄、倦怠乏力、身体瘦弱、少气懒言等症状，以及肾阳不足所致的腰膝冷痛、四肢冷痛、性功能减退、日久不孕、行经腹痛等症状有一定疗效。现代医学研究表明，本方对免疫力低下有一定防治作用。

【膳食服法】餐时服用。

怀牛膝配糯米　温阳散寒，强筋壮骨

牛膝糯米酒

【食药材】牛膝50克，糯米1000克，甜酒曲适量。

【膳食制法】

1. 将牛膝洗净，用纱布包好，放入砂锅中，加水适量，武火烧开，文火煎煮30分钟，去渣浓缩取汁。

2. 糯米洗净备用。

3. 药汁混于糯米，上火蒸熟，与甜酒曲共入容器内。

4. 密封放于暖处7日，待发酵为醪糟，即可饮用。

【功效与主治】温阳散寒，强筋壮骨。适用于痛经、闭经、虚劳、痹症等疾病。对气滞血瘀所致的月经带血块、经行小腹疼痛、月经不至和肝肾亏虚所致的腰膝酸软、肢体乏力、少气懒言等症状，以及感受风寒所致的肢体晨僵、活动不利、关节疼痛等症状有一定疗效。

【膳食服法】适量食用。

【医学分析】膳食中牛膝性味苦平，主入肝肾，功善活血祛瘀、通经止痛、引血下行，故为妇科瘀血证常用药；又能补肝肾、强腰膝、通利血脉，故对肝肾虚弱所致的腰膝无力、风湿痹证、腰部下肢疼痛等症状有疗效。煎取药汁后与糯米、酒曲酿酒，不但能助长药力，而且醇香甘美，便于长期服用，避免了经久吃药之苦。本方所主之证，为瘀血内阻、肝肾不足所致。三味相配共奏温阳散寒、强筋壮骨之效。血滞经脉则疼痛不止、妇女月经失调，肝肾不足、筋骨失养则腰膝无力、酸痛不已，治宜活血化瘀、强健肝肾。故服用本品对气滞血瘀所致的月经不调、虚劳、痹症等病症有一定疗效。

怀牛膝配粳米　健脾除湿，通络止痛

牛膝粳米粥

【食药材】牛膝5克，粳米100克。

【膳食制法】

1. 将牛膝洗净，用纱布包好，放入砂锅，加水适量，武火烧开，文火煎煮30分钟，去渣取汁。

2. 粳米洗净入锅，加药汁、适量清水，待煮成粥，即可食用。

【功效与主治】健脾除湿，通络止痛。适用于痹症、虚劳等疾病。对外感风寒湿邪所致的关节疼痛、畏寒恶风、遇寒加重、肢体活动不利等症状，以及肝肾不足所致的腰膝酸软、倦怠乏力、少气懒言、易于抽筋等症状有一定疗效。现代医学研究表明，本方对关节炎有一定防治作用。

【膳食服法】餐时服用。

【医学分析】膳食中牛膝性温味苦,归肝、肾经,有补肝肾、强筋骨、散寒祛风除湿之效。粳米补中益气,扶正祛邪。两味相配共奏健脾除湿、通经活络之效。故服用本品对感受风、寒、湿所致的痹证及肝肾不足诸症有一定疗效。现代医学研究表明,牛膝具有明显的抗风湿作用。

怀牛膝配兔肉　益胃滋阴,温中补虚

清胃兔肉冻

【食药材】牛膝6克,生地3克,知母3克,麦冬3克,玄参3克,丹皮3克,熟兔肉500克,雪梨汁200克,酱油20克,麻油15克,琼脂3克,食盐等调味品适量。

【膳食制法】

1. 将熟兔肉刀切薄片。

2. 将以上药物洗净,用纱布包好,放入砂锅,加水适量,武火烧开,文火煎煮30分钟,去渣浓缩取汁。

3. 将琼脂洗净,切成小块。再将酱油、食盐、麻油兑成料汁。

4. 将锅置于武火,倒入药汁,加水适量,水开加入熟兔肉片煮至沸腾,捞起兔肉放入盘内。

5. 将雪梨汁和琼脂块的锅移至文火,待琼脂全部溶化,淋于兔片上。

6. 待凉后,置冰箱凝冻,用刀划小块入盘,淋上料汁,即可食用。

【功效与主治】益胃滋阴,温中补虚。适用于胃痛、汗证等疾病。对阴虚内热所致的烦热口渴、胃中热痛、饥不欲食、易于汗出等症状,以及气血不足所致的面色不华、神疲乏力、倦怠懒言等症状有一定疗效。

【膳食服法】餐时服用。

怀牛膝配羊肉　温补阳气，通络止痛

牛膝羊肉煲

【食药材】怀牛膝10克，熟地黄、当归、川断、杜仲各3克，炙黄芪、党参各5克，羊肉1000克，葱5克。

【膳食制法】

1. 将羊肉洗净，去肥肉和筋膜，切成小块。

2. 将以上药物洗净，用纱布包好，放入砂锅，加水适量，武火烧开，文火煎煮30分钟，去渣浓缩取汁。

3. 羊肉入砂锅，加适量清水，炖至羊肉将熟，加入盐，炖熟，加入葱花调味，即可食用。

【功效与主治】温补阳气，通络止痛。适用于虚劳等疾病。对脾肾不足所致的周身隐痛不舒、神疲乏力、气短懒言、畏寒肢冷、腰膝酸软、身体瘦弱、记忆力减退等症状有一定疗效。

【膳食服法】餐时服用。

生牡蛎

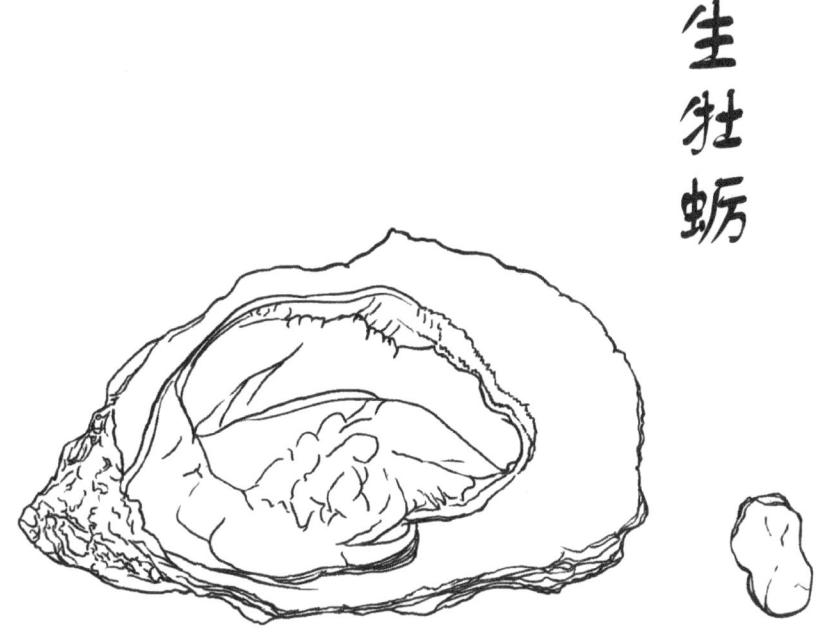

【来源】牡蛎科动物近江牡蛎、长牡蛎、大连湾牡蛎的壳和肉。

【性味归经】咸、涩，微寒。归肝、胆、肾经。

【功效与主治】滋阴养血，软坚消肿，平肝潜阳。适用于肝阳上亢所致的眩晕、耳鸣、腰痛等症状，以及痰火郁结所致的瘰疬、瘿瘤、烦热失眠、心神不安等症状。现代医学研究表明，牡蛎对甲状腺结节也有一定疗效。

【药理成分】含有蛋白质、脂肪、糖类、牛磺酸、10种必需氨基酸及铜、锌、锰、铁等。

【附注】脾虚精滑、癫疮患者不宜单独食用。

生牡蛎配蛎黄肉　益气养血，重镇安神

【食材介绍——蛎黄肉】

蛎黄肉，为牡蛎科动物近江牡蛎、大连湾牡蛎等的肉。蛎黄肉含有蛋白质、胆固醇、碳水化合物、维生素A、维生素B、钙、磷、铁等多种成分。中医认为，蛎黄肉味甘、咸，性平，归肝、心经，具有养血安神、软坚消肿的功效。现代医学研究表明，蛎黄肉含有的牛磺酸可以抑制血小板凝集，降低血液中血脂含量，保持人体正常血压和防止动脉硬化，有利于防止心脑血管疾病。食用牡蛎可以分解皮下黑色素，促进皮肤的新陈代谢，润泽肌肤。蛎黄肉中铁、钙等矿物质丰富，可以防止缺铁性贫血及骨质疏松等疾病。此外，常食蛎黄肉可以提升性能力。一般人均可食用蛎黄肉，尤其适宜于缺铁性贫血、骨质疏松、血脂异常等人群。

蛎黄鸡汤

【食药材】 生牡蛎30克，鲜蛎黄250克，鸡汤适量，食盐、葱花等调味品适量。

【膳食制法】

1. 将生牡蛎打碎，用纱布包好，放入砂锅，加水适量，武火烧开，文火煎煮60分钟，去渣浓缩取汁。
2. 鲜蛎黄洗净备用。
3. 砂锅加入鸡汤及清水、药汁，武火烧开，加入蛎黄，微煮沸，加入食盐、葱花调味，即可食用。

【功效与主治】 益气补血，重镇安神。适用于虚劳、不寐、崩漏、月经不调等疾病。对久病虚损所致的神疲乏力、面色不华、动辄汗出、入睡困难、睡后易醒、醒后再难入睡，以及月经淋漓不净、月经过多等症状有一定疗效。现代医学研究表明，本方对功能性子宫出血有一定防治作用。

【膳食服法】 餐时服用。

生牡蛎配洋葱　补益肝肾，消积化痰

【食材介绍——洋葱】

洋葱，为百合科植物洋葱的鳞茎。洋葱含有槲皮素、前列腺素A、维生素C、叶酸、钾、锌、硒等多种成分。中医认为，洋葱味甘、微辛，性温，归肝、脾、胃、肺经，具有和胃健脾、散寒通阳、提神健体的功效。现代医学研究表明，洋葱富含硒元素和槲皮素，二者可以抑制癌细胞活性，阻止癌细胞生长。洋葱含有的前列腺素A能扩血管、降低血液黏度，可以预防血栓形成。洋葱含有葱蒜辣素，可刺激胃酸分泌，增进食欲，促进胃肠蠕动，具有开胃作用。洋葱中的大蒜素有很强的杀菌能力。一般人均可食用洋葱，尤其适宜于高血压、动脉硬化、急慢性肠炎、消化不良、食欲不振等人群。皮肤瘙痒者、眼疾者不宜单独食用。

牡蛎瓦楞鸡肝汤

【食药材】 生牡蛎30克，瓦楞子5克，鸡肝100克，洋葱30克，盐、葱花等调味品适量。

【膳食制法】

1. 将鸡肝洗净，切开备用。

2. 将生牡蛎打碎，瓦楞子洗净，用纱布包好，放入砂锅，加水适量，武火烧开，文火煎煮60分钟，去渣浓缩取汁。

3. 砂锅中放入清水及药汁，加入洋葱、鸡肝及盐，待鸡肝熟透后，加入葱花，即可食用。

【功效与主治】 补益肝肾，消积化痰。适用于早泄、瘿病等疾病。对痰气郁结所致的颈前肿大、似有异物梗在喉中、生气后加重等症状，以及肝肾亏虚所致的性生活障碍、腰膝酸软、夜间汗出等症状有一定疗效。现代医学研究表明，本方对甲状腺肿大有一定防治作用。

【膳食服法】 餐时服用。

生牡蛎配牛肉　补脾益气，强筋壮骨

母子牛排面

【食药材】生牡蛎30克，鲜牡蛎肉20克，牛肉50克，面条适量，盐等调味品适量。

【膳食制法】

1. 将生牡蛎打碎，用纱布包好，放入砂锅，加水适量，武火烧开，文火煎煮60分钟，去渣浓缩取汁。
2. 砂锅放入药汁及清水，放入牛肉武火烧开，至文火炖烂。
3. 加入鲜牡蛎肉、面条及盐等调味品，煮熟，即可食用。

【功效与主治】补脾益气，强筋壮骨。适用于虚劳、腰痛、痿证等疾病。对脾肾亏虚所致的肢体痿软无力、腰膝酸软、倦怠乏力、畏寒肢冷等症状，以及脾胃虚弱所致的消化不良、不思饮食、大便溏薄等症状有一定疗效。

【膳食服法】餐时服用。

生牡蛎配野猪肉　健脾益气，安神壮骨

【食材介绍——野猪肉】

野猪肉，为猪科动物野猪的肉。野猪肉含有蛋白质、脂肪、硫胺素、核黄素、烟酸、磷、钙等多种成分。中医认为，野猪肉味甘，性平，归肺、脾、大肠经，具有补五脏、润肌肤、祛风解毒的功效。现代医学研究表明，野猪肉含有较多的亚油酸和亚麻酸，具有降血脂的功效，可防治心脑血管疾病。亚油酸有促进脂溶性维生素的吸收、抗凝、抗血栓及减少胆固醇在血管壁沉积的作用，可以防治高血压、血脂异常症等疾病。野猪肉是高蛋白低脂肪食品，与普

通猪肉相比，更适合老年人食用。一般人均可食用野猪肉，尤其适宜于高血压、动脉硬化、血脂异常等人群。

山牡野猪肉

【食药材】生牡蛎30克，山药10克，野猪肉500克，大葱2段，生姜3片，盐、糖等调味品适量。

【膳食制法】

1. 将生牡蛎打碎，用纱布包好，放入砂锅，加水适量，武火烧开，文火煎煮30分钟后，加入山药（洗净，用纱布包好），再煎30分钟，去渣取汁，备用。

2. 砂锅中放入药汁及适量水，放入野猪肉、葱、姜、盐、糖，武火烧开，文火炖至熟透，即可食用。

【功效与主治】健脾益气，安神壮骨。适用于心悸、不寐、痿证、虚劳等疾病。对肝肾不足所致的面色无华、头发稀少、鸡胸龟背、腰膝酸软、倦怠乏力等症状，以及气血虚亏所致的心慌易惊、记忆力减退、夜内多梦、睡眠不实等症状有一定疗效。

【膳食服法】餐时服用。

生牡蛎配鳕鱼　滋阴清热，平抑肝阳

牡蛎鳕鱼粳米粥

【食药材】生牡蛎30克，鳕鱼肉50克，粳米50克，大葱2段，生姜3片，食盐等调味品适量。

【膳食制法】

1. 将生牡蛎打碎，用纱布包好，放入砂锅，加水适量，武火烧开，文火煎煮60分钟，去渣浓缩取汁。

2. 鳕鱼肉、粳米洗净备用。

3. 药汁加入鳕鱼肉、粳米、葱、姜、盐，熬熟，即可食用。

【功效与主治】滋阴清热，平肝潜阳。适用于中风、眩晕、头痛等疾病。对肝阳上亢所致的头晕耳鸣、头部胀痛、口干口苦、胁肋不舒、腰膝酸软等症状有一定疗效。现代医学研究表明，本方对脑血管疾病有一定防治作用。

【膳食服法】餐时服用。

【医学分析】膳食中生牡蛎入肝、胆、肾经，生牡蛎功专育阴潜阳。鳕鱼活血祛瘀，补血止血。粳米顾护胃气，以助药力。三味相配共奏滋阴清热、平肝潜阳之效。故服用本粥对阴虚阳亢所致的中风、眩晕、头痛、高血压、脑动脉硬化等病症有一定疗效。

【附注】此方偏寒，素体虚寒者慎用。

生牡蛎配海带　软坚散结，滋阴补虚

蛎蝗海带汤

【食药材】生牡蛎50克，蛎蝗250克，海带50克，盐等调味品适量。

【膳食制法】

1. 将生牡蛎打碎，用纱布包好，放入砂锅，加水适量，武火烧开，文火煎煮60分钟，去渣浓缩取汁。

2. 将海带温水泡发，洗净，切成细丝。

3. 把海带放入砂锅中，加水适量，煮至熟烂，放入蛎蝗，煮至沸腾，加入食盐调味，即可食用。

【功效与主治】软坚散结，滋阴补虚。适用于瘰疬、瘿瘤、虚劳等疾病。对痰凝郁结所致的颈前累累如串珠、颈前肿大疼痛等症状，以及阴虚有热所致的动则汗出、夜间汗出、口干咽燥、腰膝酸软、周身倦怠等症状有一定疗效。现代医学研究表明，本方对甲状腺结节有一定防治作用。

【膳食服法】餐时服用。

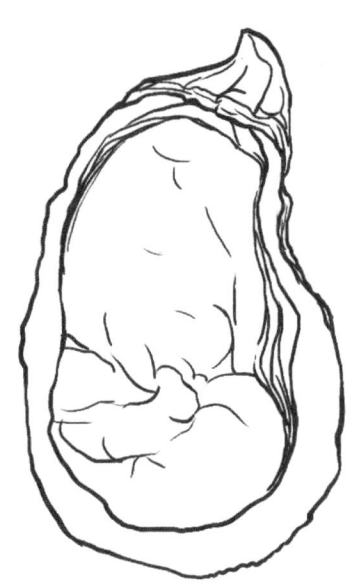

煅牡蛎

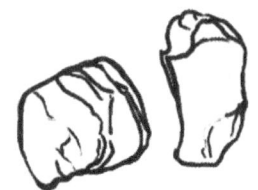

【来源】牡蛎科动物长牡蛎、大连湾牡蛎或近江牡蛎的贝壳。

【性味归经】咸，微寒。归肝、肾经。

【功效与主治】收敛止汗，制酸止痛，重镇安神，软坚散结。适用于肝阳上亢所致的眩晕头痛、惊悸不安、失眠多梦和痰火郁结所致的痰核瘰疬等症状，以及肝肾不足所致的自汗、盗汗、遗精、遗尿、崩漏、带下及胃痛反酸等症状。现代医学研究表明，煅牡蛎对高血压病、浅表性胃炎等也有一定疗效。

【药理成分】含有碳酸钙、磷酸钙、硫酸钙，还含有铜、铁、锌、锰、锶、铬等微量元素。

煅牡蛎配猪肉　益气敛汗，滋阴补血

牡蛎肉片汤

【食药材】煅牡蛎50克，猪瘦肉（切薄片）100克，食盐、胡椒粉、淀粉等调味品适量。

【膳食制法】

1. 将煅牡蛎打碎，用纱布包好，放入砂锅，加水适量，武火烧开，文火煎煮60分钟，去渣浓缩取汁。
2. 在猪瘦肉中拌淀粉，腌制5分钟。
3. 砂锅放入药汁及适量水，烧开，放入肉片，煮至烂熟。
4. 加入食盐、胡椒粉调味，即可食用。

【功效与主治】益气敛汗，滋阴补血。适用于崩漏、虚劳、带下、月经不调等疾病。对久病阴血亏虚所致的神疲乏力、不思饮食、动后汗出、面色无华、少气懒言等症状，以及月经淋漓不净、色淡量多、带下过多等症状有一定疗效。

【膳食服法】餐时服用。

煅牡蛎配乌骨鸡　养血安神，益气养阴

乌鸡安神汤

【食药材】煅牡蛎30克，鹿角胶6克，鳖甲5克，桑螵蛸3克，生地6克，熟地6克，墨鱼50克，人参3克，黄芪3克，当归3克，白芍3克，香附3克，天冬5克，炙甘草3克，川芎3克，银柴胡3克，丹参3克，山药10克，芡实5克，鹿角霜3克，乌鸡肉3千克，生姜10克，葱10克，黄酒50克，盐等调味品适量。

【膳食制法】

1. 将上述药材洗净，鳖甲、煅牡蛎打碎，用纱布包好，扎紧备用。

2. 将墨鱼用温水泡发，除去中间骨膜，洗净备用。

3. 乌鸡宰杀、洗净，剁小块洗净，备用。

4. 将药包、墨鱼、乌鸡肉、生姜及葱一并放入砂锅，加水适量，武火烧开，撇去浮沫，文火炖至鸡肉熟烂，去药包及姜葱。

5. 加入黄酒、食盐、葱末，即可食用。

【功效与主治】养血安神，益气养阴。适用于月经不调、带下、心悸、不寐等疾病。对气血亏虚所致的月经提前或错后、白带量少、神疲乏力、少气懒言等症状，以及阴虚内热所致的睡眠不佳、心慌不适、五心烦热、心烦易怒等症状有一定疗效。

【膳食服法】餐时服用。

煅牡蛎配香菇　健脾和胃，益气敛汗

牡蛎枸杞香菇汤

【食药材】煅牡蛎20克，枸杞6克，香菇20克，米酒20克，生姜丝15克，葱丝10克，食油10克，盐、胡椒粉、植物油等调味品适量。

【膳食制法】

1. 将煅牡蛎打碎，用纱布包好，放入砂锅，加水适量，武火烧开，文火煎煮60分钟，去渣浓缩取汁。

2. 香菇洗净，切片备用。

3. 将炒锅置于旺火，倒入素油，待油温七成热时，加入葱丝。

4. 倒入米酒、药汁，加水适量，再放入香菇、枸杞、生姜丝、盐。

5. 武火烧开，文火再煮30分钟，放入食盐、胡椒粉调味，即可食用。

【功效与主治】健脾和胃，益气敛汗。适用于胃痛、虚劳等疾病。对气血不足所致的面色无华、动则汗出、夜间汗出、疲乏无力、少气懒言等症状，以及脾胃虚弱所致的胃部不舒、食欲不振、消化不良、大便溏薄等症状有一定疗效。

【膳食服法】餐时服用。

煅牡蛎配大白菜　敛汗养阴，和胃止痛

煅牡蛎白菜刀豆汤

【食药材】煅牡蛎30克，鲜刀豆20克，大白菜50克，蒜苗15克，油、盐、葱丝、生姜丝等调味品适量。

【膳食制法】

1. 将煅牡蛎打碎，用纱布包好，放入砂锅，加水适量，武火烧开，文火煎煮60分钟，去渣浓缩取汁。

2. 将刀豆洗净捣碎末，大白菜洗净切薄，蒜苗洗净切段。

3. 将油锅置于旺火，放入植物油，待油八成热时，加入葱、姜丝，下刀豆、蒜苗、白菜翻炒。

4. 加入适量的水及药汁，待刀豆熟，加盐调味，即可食用。

【功效与主治】敛汗养阴，和胃止痛。适用于呃逆、呕吐、胃痛等疾病。对胃阴不足所致的打嗝呕吐、腹部胀满、嗳腐吞酸、胃部不适、动则汗出等症状有一定疗效。

【膳食服法】餐时服用。

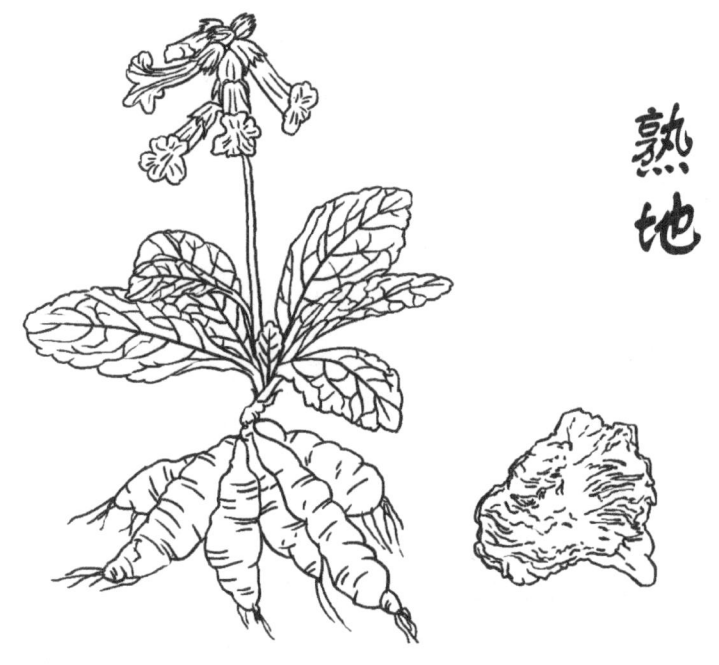

熟地

【来源】玄参科植物地黄干燥的块根。

【性味归经】甘，微温。归肝、肾经。

【功效与主治】补血养阴，填精益髓。适用于气血亏虚所致的面色萎黄、心悸怔忡、月经不调、崩漏等症状，以及肝肾阴虚所致的腰膝酸软、骨蒸潮热、遗精盗汗、内热消渴、眩晕耳鸣等症状。现代医学研究表明，熟地对于卵巢早衰等亦有一定疗效。

【药理成分】含有地黄素、甘露醇、维生素A类物质、梓醇、糖类及氨基酸等。

【附注】脘腹胀痛、气滞痰多、食少便溏者不宜单独食用。煎煮亦不可用铁锅、铁壶。

熟地配鸡肉　补益肾阴，益气养血

安神三黄鸡

【食药材】熟地6克，党参3克，茯苓3克，白术5克，菟丝子3克，炒酸枣仁3克，丹参5克，沙参3克，芡实3克，山药5克，五味子3克，莲子3克，陈皮3克，三黄鸡500克，葱10克，姜10克，盐等调味品适量。

【膳食制法】

1. 将上述药物洗净，用纱布包好，放入砂锅，加水适量，武火烧开，文火煎煮30分钟，去渣浓缩取汁。
2. 将三黄鸡洗净剁块，加入适量清水、药汁、葱、姜。
3. 炖至鸡肉将熟，加入食盐，炖至鸡熟，即可食用。

【功效与主治】补益肾阴，益气养血。适用于虚劳、郁证等疾病。对气血亏虚所致的心神不安、烦热躁扰、多梦易醒、倦怠乏力、少气懒言等症状，以及肝肾亏虚所致的烘热汗出、忧思过度、心烦易怒、腰膝酸软等症状有一定疗效。

【膳食服法】餐时服用。

熟地配白酒　补肾填精，活络止痛

熟地酒

【食药材】熟地20克，白酒500克。

【膳食制法】

1. 将洗净去渣的熟地和白酒一起放入净瓶中，密封加盖。
2. 浸泡7天，每天摇晃1次，开盖即可饮用。

【功效与主治】补肾填精，活络止痛。适用于虚劳、月经不调等疾病。对肾精不足所致的未老先衰、须发早白、牙齿松动、腰膝酸软等症状，以及精血不足所致的月经量少、易于脱发等症状有一定疗效。现代医学研究表明，本方对脱发有一定防治作用。

【膳食服法】适量饮用。

【医学分析】膳食中熟地性甘微温，归肝、肾经。《本草正义》云："熟地黄性平，气味纯静，补五脏之真阴。诸经之阴血虚者，非熟地不可。" 而"肾藏精，其华在发"，"肝藏血，发为血之余"，精血充盈则须发乌黑发亮，所以其可补肝肾、益精血、乌须发。白酒散寒暖胃，和气血，畅经络。两味相配共奏补肾填精、活络止痛之效。故本品对肾精不足所致的未老先衰、须发早白等症有一定疗效，实属滋补强身、乌发延寿之佳品。

熟地配粳米　补益肝肾，健脾益气

熟地粳米粥

【食药材】熟地6克，粳米50克。

【膳食制法】

1. 将熟地洗净，用纱布包好，放入砂锅，加水适量，武火烧开，文火煎煮30分钟，去渣浓缩取汁。

2. 将粳米加水熬煮至开花，放入熟地药汁，再煮10分钟，即可食用。

【功效与主治】补益肝肾，健脾益气。适用于虚劳、腰痛、眩晕、头痛等疾病。对肾阴亏虚所致的腰部不适、膝部酸软、听力减退、手足发热等症状，以及阴血不足所致的双目昏花、视物不清、神疲乏力等症状有一定疗效。

【膳食服法】餐时食用。

【医学分析】膳食中熟地性甘微温，归肝、肾经，能益精填髓、滋阴养血、补肾壮腰。粳米健脾补中，既助熟地补肾，又防熟地滋腻。二者煮为粥而食，共奏补益肝肾、健脾益气之效。故服用本粥对肾阴亏虚所致的中老年肾虚腰痛等病症有一定疗效。

熟地配鸡蛋 补肾养心，益气养血

熟地桃酥鸡糕

【食药材】熟地10克，当归3克，枸杞6克，桑椹20克，核桃仁100克，鸡肉200克，猪肥膘100克，干淀粉100克，鸡蛋4个，麻油25克，菜油500克，食盐等调味品适量。

【膳食制法】

1. 将核桃仁温水泡发，去皮烘干，素油炸酥，剁成绿豆大小的粒，入碗备用。

2. 将熟地、桑椹、枸杞、当归洗净，烘干打粉。

3. 将鸡肉去皮，刀背捶成肉茸，抽筋，再捶数下，备用。

4. 将猪肉剁成碎末，装碗备用。

5. 鸡茸加入蛋清，在盆内顺时针搅动10分钟，边搅边加清水。

6. 鸡茸中放入中药粉末、核桃仁、猪肥膘末、少量盐顺时针搅拌10分钟后，放入盘内擀平成形，入笼蒸上10分钟做成鸡糕。

7. 将鸡糕切成小块，撒干淀粉拌匀。

8. 将炒锅置于旺火上，倒入菜油，油烧至七成热时，把鸡糕入锅，炸至黄色时沥去炸油，淋上麻油，即可食用。

【功效与主治】补肾养心，益气养血。适用于虚劳、眩晕、消渴等疾病。对肝肾不足所致的头晕目眩、视物模糊、腰膝酸软、听力减退、口渴多饮、五心烦热、潮热盗汗等症状有一定疗效。

【膳食服法】适量服用。

【附注】外感发热者慎食。

熟地配海参　滋阴补肾，益肝养血

【食材介绍——海参】

　　海参，属棘皮动物，是高蛋白、低脂肪、低胆固醇的营养食品。海参含有酸性粘多糖、软骨素、精氨酸、胶原蛋白、DHA、海参皂甙、钙、磷等多种成分。中医认为，海参味甘、咸，性平，归肺、肾经，具有补肾益精、养血的功效。现代医学研究表明，海参富含酸性粘多糖和软骨素，具有延缓衰老的作用。海参体内所含的18种氨基酸能够增强机体细胞活力，消除疲劳，提高人体免疫力。海参富含精氨酸，具有改善性功能、减缓性腺衰老的能力。海参中有大量胶原蛋白，具有养血、补血作用。海参含有益智健脑的DHA，常食海参，能有效促进大脑发育。海参皂甙能抑制肿瘤细胞的生长，可有效防癌、抗癌。海参中丰富的钙、磷等矿物质对于预防佝偻病、骨质疏松症有良好疗效。一般人均可食用，尤其适宜于阳痿、梦遗、尿频、老年人、骨质疏松、贫血等人群。

地黄汤烧海参

【食药材】熟地10克,山萸肉5克,山药5克,泽泻3克,茯苓3克,丹皮3克,水发海参500克,猪肥瘦肉130克,菜心250克,黄酒25克,蒜苗50克,豆瓣15克,酱油40克,湿淀粉、食盐、植物油等调味品适量。

【膳食制法】

1. 将上述药物洗净,用纱布包好,放入砂锅,加水适量,武火烧开,文火煎煮30分钟,去渣浓缩取汁。

2. 将水发海参洗净,切片备用;猪肉洗净,刀剁细粒;菜心洗净,豆瓣剁细;蒜苗洗净切段。

3. 将海参加入清汤,加黄酒、食盐,用文火煨30分钟后捞起,弃锅内汤汁,重复2次。

4. 将植物油和猪肉入锅,烧至五成热时,下黄酒、菜心、盐,烧至猪肉断生。

5. 放豆瓣炒香,放入药汁,下海参和黄酒、酱油及蒜苗,快速翻炒,放入菜心,湿淀粉勾成芡汁,加入麻油炒匀,即可食用。

【功效与主治】滋阴补肾,益肝养血。适用于虚劳、消渴、眩晕、头痛等疾病。对肾阴不足、虚火上炎所致的腰膝酸软、头痛头晕、倦怠乏力、身体瘦弱、五心烦热、口渴多饮、视物模糊、潮热汗出、听力减退等症状有一定疗效。

【膳食服法】适量服食。

【附注】脾虚痰湿、大便溏薄者不宜食用。

熟地配羊肝 补益肾阴，养肝明目

补血益肝汤

【食药材】熟地6克，川芎3克，白芍3克，炒枣仁3克，当归3克，枸杞6克，旱莲草3克，女贞子3克，羊肝200克，水发木耳20克，黄花菜5克，熟猪油12克，鸡汤400克，食盐、黄酒、湿淀粉、胡椒粉、酱油等调味品适量。

【膳食制法】

1. 将上述药物洗净，用纱布包好，放入砂锅，加水适量，武火烧开，文火煎煮30分钟，去渣取汁。

2. 将羊肝洗净，切薄片，盛入碗后加食盐、酱油、黄酒、湿淀粉搅拌均匀。

3. 将砂锅置于旺火上，把药汁、鸡汤、木耳、黄花菜放入，待木耳和黄花菜煮开后，捞入汤碗内，备用。

4. 将羊肝片抖散，下入汤锅，汤开撇浮沫，待肝片熟时，加入熟猪油、胡椒粉、盐，入碗即可食用。

【功效与主治】补益肾阴，养肝明目。适用于夜盲、月经不调、不寐、心悸等疾病。对心血不足所致的心慌气短、夜寐不安、记忆力减退等症状，以及肝血不足所致的视物模糊、两眼昏花、夜间视物不清、妇女月经不调等症状有一定疗效。

【膳食服法】餐时服用。

【附注】羊肝不宜久煮，否则口味不佳。

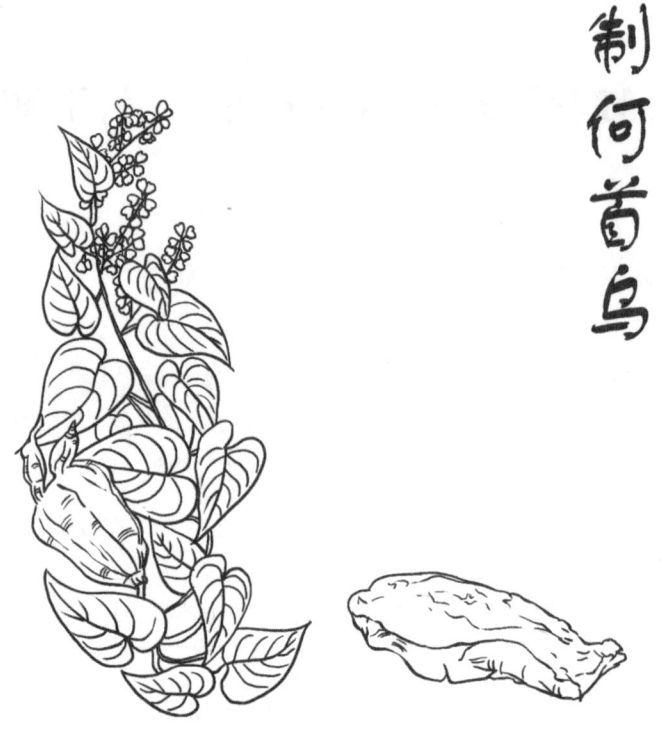

制何首乌

【来源】蓼科植物何首乌的块根。

【性味归经】甘、苦、涩，温。归肝、心、肾经。

【功效与主治】滋补肝肾，补益精血，乌发壮骨。适用于血虚所致的面色萎黄、神疲乏力和肝血不足所致的双目干涩、视物模糊、头晕耳鸣等症状，以及肝肾亏虚所致的腰膝酸软、崩漏带下、须发早白、肢体麻木和血虚津亏所致的大便干燥秘结等症状。现代医学研究表明，何首乌亦对血脂异常症具有一定疗效。

【药理成分】含有大黄酚、大黄素、大黄素甲醚、大黄酸、粗脂肪、卵磷脂等。

【附注】大便溏泄及痰湿较重者不宜单独食用。

制何首乌配鸡蛋　补益肝肾，美容养颜

首乌煮鸡蛋

【食药材】制何首乌6克，鸡蛋2个，食盐、姜等调味品适量。

【膳食制法】

1. 将制何首乌洗净，备用。

2. 把洗净的鸡蛋与制何首乌放入砂锅内，加水适量，放入食盐、姜，将砂锅置于武火上烧沸，文火熬至鸡蛋熟透。

3. 将煮熟的鸡蛋取出，剥去蛋壳，再放入锅内继续煮5分钟，即可食用。

【功效与主治】补益肝肾，美容养颜。适用于虚劳、便秘、眩晕等疾病。对素体血虚体弱或久病血虚所致的面色无华、须发早白、神疲乏力和肝肾不足所致的头晕耳鸣、未老先衰、腰膝酸软等症状，以及肠道血虚津亏所致的大便秘结、难以排出等症状有一定疗效。

【膳食服法】餐时服用。

制何首乌配甲鱼 滋补肝肾，清热养阴

首乌甲鱼汤

【食药材】制何首乌10克，甲鱼肉300克，青蒿10克，食盐等调味品适量。

【膳食制法】

1. 将制何首乌洗净，用纱布包好，加水适量，武火烧开，文火煎煮30分钟，去渣取汁。

2. 将甲鱼肉加药汁，以武火烧沸后，文火慢炖，待甲鱼肉即将熟透，加入青蒿（纱布包），再煎10分钟。

3. 待甲鱼肉熟透，去药袋，加入食盐调味，即可食用。

【功效与主治】滋补肝肾，清热养阴。适用于消渴、虚劳等疾病。对阴虚内热所致的形体消瘦、夜热早凉、疲乏无力、骨蒸潮热、口干口渴等症状，以及热病后期所致的口渴舌干、咽干目赤、心烦躁扰等症状有一定疗效。

【膳食服法】餐时服用。

【附注】青蒿不宜久煎。

【医学分析】膳食中甲鱼肉既能滋阴又能截疟，对阴虚久疟不止，单用炖服即有一定疗效。故《本草备要》谓其"凉血补阴，亦治疟、痢"。何首乌性味苦平，能养血、截疟，用于疟疾久发不止、肝肾阴血耗伤之证。青蒿性寒，味苦、辛，有截疟和清退虚热之效。其用于疟疾，既能控制发热，又可抑制疟原虫的发育；用于阴虚发热及热邪入于阴分的夜热早凉、热退无汗之症，有良好的清热与退虚热的作用。三味相配共奏清热养阴、截疟退热之效。故服用本汤对感受疟邪所致的寒战、高热、出汗等病症有一定疗效。

制何首乌配粳米 补益肝肾，益精养血

首乌二米粥

【食药材】制何首乌6克，粳米50克，小米20克，大枣2枚，红糖适量。

【膳食制法】

1. 将制何首乌洗净，用纱布包好，加水适量，武火烧开，文火煎煮30分钟，去渣取汁。

2. 红枣洗净去核，粳米、小米洗净，放入砂锅中。

3. 在锅内加入适量清水及制何首乌药汁熬煮成粥，加入红糖搅匀，即可食用。

【功效与主治】补益肝肾，益精养血。适用于虚劳、眩晕等疾病。对肝肾不足所致的头晕耳鸣、腰膝酸软、双目干涩、视物昏花等症状，以及精血不足所致的时有脱发、须发早白、提早衰老等症状有一定疗效。

【膳食服法】餐时服用。

【医学分析】膳食中制何首乌补肝肾、益精血、乌须发、强筋骨，李时珍在《本草纲目》中称为"滋补良药，功在地黄、天门冬诸药之上"。大枣乃补中益气第一品，《食疗本草》称其"治虚劳损伤"。粳米健脾益胃而安中。三味相配共奏补益肝肾、益精养血之效。故食用本粥对肝肾不足所致的虚劳、眩晕等病症有一定疗效。现代医学研究表明，制何首乌中含有蒽醌类、卵磷脂等成分，具有降脂、降压和强心作用，能有效地阻止胆固醇在血管内的沉积，缓解动脉粥样硬化。因此，制何首乌粥对防治动脉硬化有一定疗效。

首乌红枣粳米粥

【食药材】制何首乌6克,粳米100克,红枣5枚,红糖20克。

【膳食制法】

1. 将制何首乌洗净,用纱布包好,加水适量,武火烧开,文火煎煮30分钟,去渣取汁。
2. 红枣洗净去核,粳米洗净,放入砂锅中。
3. 在锅内加入适量清水及制何首乌药汁熬煮成粥,加入红糖搅匀,即可食用。

【功效与主治】补益气血,强壮肝肾。适用于虚劳、郁证、便秘等疾病。对肝肾亏虚所致的须发早白、腰膝酸痛、头昏耳鸣等症状,以及血虚精少所致的面色无华、大便秘结、胸闷心慌、夜间易醒等症状有一定疗效。现代医学研究表明,本方对高脂血症及动脉硬化有一定防治作用。

【膳食服法】餐时服用。

【附注】大便溏泄者不宜食用。煮粥时不可用铁锅。

制何首乌配鸡肉　养血调经,益气健脾

【食材介绍——鸡肉】

鸡肉,为雉科动物家鸡的肉。鸡肉含有蛋白质、脂肪、维生素A、烟酸、钾、磷等多种成分。中医认为,鸡肉味甘,性温,归脾、胃经,具有温中补脾、益气养血、补肾益精的功效。现代医学研究表明,鸡肉含有蛋白质的比例高、种类多,易被吸收利用,对营养不良、乏力疲劳等人群有很好的食疗作用。鸡肉含有大量优质蛋白及微量元素,在平时生活中的食用量也大,为提高人体素质起到了极大作用。一般人均可食用,尤其适宜于老人、儿童、青少年、体弱者等人群。

首乌煲母鸡

【食药材】制何首乌10克,母鸡1000克,食盐等调味品适量。

【膳食制法】

1. 将母鸡宰杀,洗净备用。

2. 将制何首乌洗净,用纱布包好,放入鸡腹,将鸡放入砂锅内。

3. 加水适量,武火烧开,以文火煲至鸡肉软烂离骨,然后取出药袋,加入食盐调味,再炖15分钟,即可食用。

【功效与主治】养血调经,益气健脾。适用于虚劳、崩漏、月经不调等疾病。对阴虚内热、迫血妄行所致的月经淋漓不净、腰膝酸软、五心烦热等症状,以及气血亏虚所致的面色无华、神疲倦怠、少气懒言等症状有一定疗效。现代医学研究表明,本方对功能性子宫出血有一定防治作用。

【膳食服法】餐时服用。

【医学分析】膳食中制何首乌滋补肝肾、养血敛血,《药品化义》载其"除崩漏,解带下"。母鸡补虚,治崩中漏下。两味相配共奏养血调经、益气健脾之效。故食用本品对阴虚血热所致的崩漏有一定疗效。

制何首乌配小米　益气养血,补益肝肾

首乌鸡蛋小米粥

【食药材】制何首乌10克,鸡蛋2个,小米50克,白糖适量。

【膳食制法】

1. 将制何首乌洗净,用纱布包好,加水适量,武火烧开,文火煎煮30分钟,去渣取汁。

2. 小米淘净,放入砂锅,放入适量清水,将药汁放入锅中同煮成粥。

3. 粥熟,将鸡蛋打入粥中。

4. 加白糖适量搅匀,蛋熟即可食用。

【功效与主治】益气养血，补益肝肾。适用于虚劳、子宫脱垂、月经不调等疾病。对气虚下陷所致的子宫脱垂、肛门脱垂、肛门下坠感、倦怠乏力、少气懒言等症状，以及气血亏虚所致的面色无华、神疲乏力、时有汗出、月经紊乱等症状有一定疗效。现代医学研究表明，本方对子宫脱垂有一定的防治作用。

【膳食服法】餐时服用。

制何首乌配黑豆　补益肝肾，益精乌发

首乌黑豆饮

【食药材】制何首乌15克，黑豆500克，盐等调味品适量。

【膳食制法】

1. 将制何首乌洗净，用纱布包好，加水适量，武火烧开，文火煎煮30分钟，去渣取汁。
2. 将药液与黑豆共煮，加适量水，武火烧开，文火煮至豆熟。
3. 加适量盐，即可饮汤食豆。

【功效与主治】健脾益肾，固齿乌发。适用于虚劳、月经不调、早衰等疾病。对肾精不足所致的牙齿松动、须发早白、腰膝酸软、头晕耳鸣、时有脱发等症状，以及气血亏虚所致的妇女月经不调、面色萎黄、神疲乏力等症状有一定疗效。

【膳食服法】餐时服用。

乌发豆

【食药材】制何首乌10克,侧柏叶6克,熟地黄6克,女贞子3克,旱莲草3克,当归3克,黑芝麻6克,陈皮15克,黑豆500克,大青盐12克。

【膳食制法】

1. 将以上中药去渣洗净,加水煎煮两次,每次30分钟,去渣取汁后将两次药液合并,再煎为稀汁备用。

2. 在锅内放入洗净后的黑豆,放入大青盐,倒入药汁,熬至黑豆熟,焖锅10分钟。

3. 最后取出黑豆晾干,即可食用。

【功效与主治】补益肝肾,益精乌发。适用于虚劳、早衰等疾病。对肾精亏虚所致的须发早白、腰膝酸软、遗精滑精、时有脱发等症状,以及血燥生风所致的皮肤瘙痒、易起鳞屑等症状具有一定疗效。现代医学研究表明,本方对脱发有一定的防治作用。

【膳食服法】随时服用。

【医学分析】膳食中制何首乌甘苦涩而微温,能补肝肾、益精血、乌须发,为滋补良药,适用于肝肾不足、须发早白、腰膝酸软、遗精等症。与熟地黄、生侧柏、女贞子、旱莲草配伍,能增强其益精血与乌须发之效。生侧柏苦、涩、微寒,可清热凉血、生发乌发,用于血热脱发、须发早白等,内服外用均有相当疗效,内服常与制何首乌、女贞子、熟地、旱莲等同用。旱莲草甘、酸而寒,能补肝肾之阴、凉血乌发,对阴虚血热的须发早白、脱发等颇具疗效。与女贞子配伍,即有名的二至丸,对于肝肾阴虚的须发早白颇具疗效。黑芝麻性味甘平,可滋养肝肾、润泽枯槁。大青盐,又名青盐、戎盐,性味咸寒,对血热脱发者,其咸寒能入血除热,《大明诸家本草》云其能"助水脏,益精气",故能协助制何首乌、生侧柏、女贞子等发挥其补养肝肾、乌须黑发的作用。黑豆性味甘平,能补益肝肾,同盐煮食尤能补肾,为乌发常用之品。陈皮行气健胃。当归活血养血。上述各药,相辅相成,故食用本品对于肾精亏虚所致的虚劳、早衰等病症有一定疗效。

枸杞子

【来源】茄科植物枸杞和宁夏枸杞的成熟果实。

【性味归经】甘，平。归肝、肾经。

【功效与主治】滋肾补肝，益睛明目。适用于肝肾亏虚所致的双目干涩、视物昏花、腰膝酸软、头晕耳鸣和阴虚或劳烦所致的久咳咽干等症状，以及肾精亏虚所致的不孕、遗精和血虚所致的面色萎黄、失眠多梦、周身乏力等症状。现代医学研究表明，枸杞子具有很好的防治动脉硬化、高血压、冠心病、脂肪肝、慢性肝炎以及抗衰老的作用。

【药理成分】含有胡萝卜素、维生素、亚油酸、粗脂肪、粗蛋白、氨基酸、核黄素、烟酸、微量元素、甜菜碱等。

枸杞配猪肉　滋补肝肾，温中补虚

枸杞滑熘里脊

【食药材】枸杞子30克，猪里脊肉250克，水发笋片、水发木耳、豌豆各30克，蛋清1个，料酒、姜、蒜、葱、香醋、食盐等调味品适量。

【膳食制法】

1. 枸杞子洗净沥干，备用。

2. 将猪里脊肉切成薄片，用水淀粉、蛋清及食盐抓匀拌好，放入热油中滑熟，捞出控油，备用。

3. 待锅内油热时，放入切好的木耳、笋片及豌豆、料酒、姜、蒜、葱、香醋、食盐翻炒片刻，加入枸杞子、熟肉片和清汤，翻炒至熟透，勾芡翻炒，即可食用。

【功效与主治】滋补肝肾，温中补虚。适用于虚劳、眩晕、心悸等疾病。对肝肾不足所致的腰膝酸软、视物模糊、时有脱发、头晕眼花等症状，以及血虚所致的心慌失眠、面色萎黄、神疲倦怠、少气懒言等症状有一定疗效。现代医学研究表明，本方对动脉硬化有一定的防治作用。

【膳食服法】餐时服用。

枸杞青笋肉丝

【食药材】枸杞子30克，猪里脊肉500克，熟青笋100克，猪油100克，植物油、白糖、料酒、芝麻油、水淀粉、酱油、盐等调味品适量。

【膳食制法】

1. 将猪肉洗净，切丝备用。

2. 将青笋切成细丝，枸杞子洗净，备用。

3. 将植物油放入炒锅中烧热，笋丝和肉丝同时下锅，煸炒，放入适量料酒，加白糖、盐、酱油、水淀粉搅匀。

4. 放入枸杞子，翻炒，淋少许芝麻油，即可食用。

【功效与主治】滋补肝肾，明目补虚。适用于虚劳、眩晕、月经不调等疾病。对肝肾亏虚所致的腰膝酸痛、耳鸣头晕、视物模糊、阳痿遗精等症状，以及气血亏虚所致的面色萎黄、体弱乏力、月经量少等症状有一定疗效。

【膳食服法】餐时服用。

枸杞配白蘑菇　补肾健脾，美容养颜

枸杞白蘑胡桃鸡肉卷

【食药材】枸杞子30克，胡桃仁100克，白蘑菇50克，公鸡750克，芝麻油30毫升，黄酒30毫升，菜油50毫升，生姜15克，葱白20克，食盐等调味品适量。

【膳食制法】

1. 将枸杞子和白蘑菇洗净，白蘑菇切片，枸杞沥干，备用。胡桃仁洗净沥干，下油锅炸至酥脆，备用。

2. 公鸡宰杀洗净，去骨，切大片。

3. 姜切片，葱切段，黄酒、食盐腌鸡肉3小时。

4. 将腌好的鸡肉把鸡皮朝下放在案板上，将枸杞子、白蘑菇和胡桃仁混合后平铺于鸡肉上，卷成筒状，外包两层纱布，用线缠紧，放入高汤中，加适量盐及葱姜，煮鸡肉至熟。

5. 将鸡肉捞出，冷却后，去纱布，鸡肉切薄片，即可食用。

【功效与主治】补肾健脾，美容养颜。适用于虚劳、早衰、眩晕等疾病。对肾精不足所致的须发早白、腰膝酸痛、头晕耳鸣、时有脱发、性功能减退、提前绝经等症状，以及气血亏虚所致的面色萎黄、气短懒言、神疲乏力等症状有一定疗效。

【膳食服法】餐时服用。

【附注】此菜肴偏于温补，适宜在冬季食用。

【医学分析】膳食中胡桃仁补肺益肾，枸杞子益精明目，二味均有抗衰延年作用。配以能够温中益气、补精填髓、富含蛋白质及不饱和脂肪酸的鸡肉，

再配以平调五脏之白蘑菇,黄酒则引药直达脾肾,五味共奏滋补强壮、抗衰益寿之效。故本品对肾精不足所致的虚劳、早衰、眩晕等病症有一定疗效。

枸杞配鲫鱼　补益肝肾,利水除湿

枸杞烧鲫鱼

【食药材】枸杞子15克,活鲫鱼3条(约750克),芫荽、葱、芝麻油、醋、料酒、猪油、胡椒粉、食盐、生姜末等调味品适量。

【膳食制法】

1. 将鲫鱼宰杀、洗净,鱼身划十字花刀。
2. 将芫荽洗净并切约2厘米段,葱切成细丝及葱花,备用。
3. 将锅内放入猪油适量,待烧热后,放入葱花、胡椒粉、姜末爆锅。
4. 放入料酒、姜汁、食盐、鲫鱼及枸杞子。
5. 武火烧沸后,文火炖至鱼熟,放入葱丝、芫荽、醋,淋芝麻油,即可食用。

【功效与主治】补益肝肾,利水除湿。适用于虚劳、胃痛、水肿等疾病。对脾胃虚弱所致食欲不振、饥而不食、身体瘦弱、胃中隐痛、精神倦怠、喉中呃呃连声等症状,以及水湿停聚所致周身水肿、小便不利等症状有一定疗效。

【膳食服法】餐时服用。

枸杞配羊骨 补益肝肾，强筋壮骨

枸杞羊骨煲

【食药材】枸杞子50克，羊脊骨500克，食盐等调味品适量。

【膳食制法】

1. 将枸杞子洗净，放入砂锅，加水适量。

2. 将羊脊骨洗净后敲碎，放入砂锅内。

3. 武火烧开，去除浮沫，文火慢炖1.5小时，加入食盐适量，再炖半小时，即可食用。

【功效与主治】补益肝肾，强筋壮骨。适用于虚劳、不寐、心悸等疾病。对肝血不足所致的面色不华、睡眠不佳、夜间多梦、心慌气短、双目干涩等症状，以及素体虚弱或久病所致的神疲倦怠、面色无华、动辄气喘、少气懒言等症状有一定疗效。现代医学研究表明，本方对缺铁性贫血有一定防治作用。

【膳食服法】餐时服用。

枸杞配牛肉 补益肝肾，益精养血

枸杞烧牛肉

【食药材】枸杞子15克，牛肉500克，胡萝卜50克，马铃薯60克，嫩豌豆30克，洋葱100克，西红柿汁30毫升，盐等调味品适量。

【膳食制法】

1. 将牛肉洗净切小块，撒上盐、胡椒粉，拌适量面粉，在烧热的油锅中均匀翻炒，炒至成茶色。

2. 将洋葱切成薄片，加入牛肉锅中翻炒，倒入西红柿汁及洗净的枸杞子和热水，上盖煮至沸腾，文火煮1.5小时。

3. 加入切好的胡萝卜和马铃薯块及洗净的豌豆，加入食盐适量。

4. 继续文火煮半小时，即可食用。

【功效与主治】补益肝肾，益精养血。适用于虚劳、月经不调、心悸等疾病。对气血亏虚所致的面色萎黄、神疲倦怠、心慌易惊、月经量少、质稀色淡等症状，以及肝肾亏虚所致的腰膝酸痛、心烦潮热等症状有一定疗效。现代医学研究表明，本方对缺铁性贫血有一定防治作用。

【膳食服法】餐时服用。

【附注】发热、咽喉肿痛者不宜食用。

枸杞配猪肝 补益肝肾，养肝明目

枸杞肝尖

【食药材】枸杞子15克，鲜猪肝250克，冬笋片50克，胡萝卜片50克，淀粉50克，酱油、食盐、黄酒、葱、姜、蒜、白糖等调味品适量。

【膳食制法】

1. 将枸杞子用凉水洗净，放于碗中，加适量水，上屉蒸10分钟，备用。

2. 将猪肝洗净，切成薄片，收入碗中，加食盐腌制10分钟，再加入适量干淀粉拌匀。

3. 将枸杞子加淀粉、黄酒、白糖、酱油兑成卤汁。

4. 将锅内加入适量油，待油烧至六成热时，把腌好的猪肝片迅速下油锅，冲炸后倒入漏勺内控油。

5. 锅内放冬笋、胡萝卜片和葱、姜、蒜片武火翻炒几下，放入猪肝，卤汁入勺，翻炒均匀，淋上香油，即可食用。

【功效与主治】补益肝肾，养肝明目。适用于眩晕、夜盲、虚劳等疾病。对肝血亏虚所致的视物模糊、双目昏花、眼睛干涩、面色萎黄、指甲不荣、夜视困难、头晕目眩、目中白翳、身体瘦弱、少气懒言等症状有一定疗效。现代医学研究表明，本方对视力减退有一定防治作用。

【膳食服法】餐时服用。

枸杞配豌豆 补益肝肾，健脑益智

核桃枸杞炒豌豆

【食药材】枸杞子10克，核桃仁25克，豌豆300克，姜5克，葱10克，料酒、盐、油等调味品适量。

【膳食制法】

1. 将核桃仁洗净，用素油炸至香酥备用；豌豆洗净，姜切片，葱切段，枸杞子洗净去杂。
2. 将炒锅置于武火上烧热，加入适量素油，待油烧至六成热时，加入姜、葱爆香，再下豌豆、料酒，加适量水，烧煮10分钟左右。
3. 待豌豆熟透后加入核桃仁、枸杞子、盐，稍炒后，即可食用。

【功效与主治】补益肝肾，健脑益智。适用于虚劳、痴呆等疾病。对肝肾不足所致的神疲倦怠、腰膝酸软、面色不华、少气懒言、小便不利等症状，以及脑髓失养所致的脑力衰退、智力下降、记忆力减退等症状有一定疗效。

【膳食服法】餐时服用。

枸杞配鸡肉 补益肝肾，益气健脾

枸杞煲母鸡

【食药材】枸杞子20克，母鸡1000克，料酒10克，葱、胡椒粉、生姜、食盐等调味品适量。

【膳食制法】

1. 将母鸡杀好，洗净，晾干水分；葱切段，姜切片。
2. 将枸杞子洗净后装入鸡腹，用竹签封口，放入砂锅中，加清水至浸没鸡身，放入葱段、姜片、料酒、食盐、胡椒粉，武火烧开，文火慢炖。

3. 待鸡肉烂透后，拣去葱姜，即可食用。

【功效与主治】补益肝肾，益气健脾。适用于虚劳、郁证、眩晕等疾病。对肾精不足所致的腰脊冷痛、头晕耳鸣、性生活障碍、月经量少、倦怠乏力、少气懒言等症状，以及围绝经期之气血亏虚所致神经衰弱、善惊易恐等症状有一定疗效。

【膳食服法】餐时服用。

枸杞配鸡蛋　补益肝肾，益气填精

枸杞蒸蛋

【食药材】枸杞子10克，鸡蛋2个，熟猪油40克，湿淀粉10克，鲜汤120克，食盐、酱油等调味品适量。

【膳食制法】

1. 鸡蛋打开，搅拌至起泡，加食盐、湿淀粉、鲜汤调散成蛋糊，备用。

2. 枸杞子洗净去杂备用。

3. 将装蛋糊的碗放入蒸笼，以旺火开水蒸，约10分钟后撒上枸杞子，再蒸5分钟。

4. 将适量的熟猪油与酱油一起蒸化，淋于蛋面，即可食用。

【功效与主治】补益肝肾，益气填精。适用于眩晕、虚劳、消渴等疾病。对肝肾不足所致的腰膝酸痛、双目昏花、两眼干涩、神疲倦怠、少气懒言等症状，以及阴虚内热所致的口干舌燥、心烦易怒、潮热汗出等症状有一定疗效。

【膳食服法】餐时服用。

益智仁

【来源】姜科多年生草本益智的干燥成熟果实。

【性味归经】辛,温。归肾、脾经。

【功效与主治】温脾止泻,暖肾固精,缩尿涩肠,益智摄唾。适用于肾气不固所致的遗精、滑精、遗尿和脾肾虚寒所致的泄泻等症状,以及中焦虚寒所致的多唾、流涎、食少纳呆等症状。

【药理成分】含有挥发油,油中主要成分为倍半萜烯、萜烯及倍半萜烯醇等。

【附注】湿热淋证、阴虚血燥、吐泻、崩带者不宜单独食用。

益智仁配红茶　温补脾肾，固精缩尿

益智仁红茶粥

【食药材】益智仁5克，红茶10克，糯米50克，食盐等调味品适量。

【膳食制法】

1. 将益智仁、红茶洗净烘干，研为细末后再加糯米，混匀。
2. 放入砂锅，加水适量，武火烧开，文火煮至粥熟。
3. 加入适量食盐，搅匀烧开，即可食用。

【功效与主治】温补脾肾，固精缩尿。适用于虚劳、泄泻等疾病。对脾肾阳虚所致的晨起腹泻、腹中冷痛、小便清长、尿频尿急、倦怠乏力、少气懒言等症状，以及中焦虚寒所致的食欲不振、口多流涎等症状有一定疗效。

【膳食服法】餐时服用。

【附注】发热者应慎服。

益智仁配白酒　温补脾肾，涩精止遗

益智仁酒

【食药材】益智仁50克，白酒250毫升。

【膳食制法】

1. 将益智仁洗净后，用纱布包好，武火烧开，文火煎煮30分钟，去渣取汁，备用。
2. 将酒与药汁混匀，微微加热至酒烧开，即可饮用。

【功效与主治】温补脾肾，涩精止遗。适用于虚劳、早泄、遗精等疾病。对肾精不足所致的性功能减退、腰膝酸软、小便清长、身冷畏寒、面色萎黄、大便溏薄等症状有一定疗效。

【膳食服法】适量饮用。

益智仁配鸭肉　补脾益肾，健脑益智

益智仁煲鸭

【食药材】益智仁10克，桂圆肉6克，山药6克，枸杞6克，鸭1只（约1500克），姜5克，葱10克，料酒10克，盐等调味品适量。

【膳食制法】

1. 鸭洗净，剁成小块，备用。
2. 将益智仁、山药片和枸杞、桂圆肉洗净，用纱布包好，与葱、姜、盐、料酒一起放入砂锅内，加水适量。
3. 将砂锅置于武火烧开，文火炖至鸭肉熟烂，即可食用。

【功效与主治】滋补脾肾，健脑益智。适用于虚劳、痴呆等疾病。对髓海失养所致的记忆力差、智力减退、身体消瘦、反应迟钝等症状，以及气血亏虚所致的面色不华、神疲乏力、睡眠不佳、少气懒言等症状有一定疗效。

【膳食服法】餐时服用。

益智仁配猪脬　温肾助阳，缩尿止遗

【食材介绍——猪脬】

猪脬，为猪科动物猪的膀胱。猪脬为半透明薄膜胶质，韧性较好，常作为中药。猪脬含有蛋白质、脂肪、胆固醇等多种成分。中医认为，猪脬味甘、咸，性平，归膀胱经，具有止渴、缩尿、除湿的功效。现代医学研究表明，猪脬是男性补虚的优良食品，其含有的蛋白质和脂肪也对于妇女产后恢复大有裨益。一般人均可食用猪脬，尤其适宜于阴囊湿疹、阴囊生疮、遗尿、妇女产后虚弱等人群。

益智螵蛸炖猪脬

【食药材】益智仁6克，桑螵蛸3克，猪脬1个，糯米250克，黑豆30克，盐等调味品适量。

【膳食制法】

1. 将糯米洗净，装入洗好的猪脬中，系紧脬口，用针在猪脬上刺若干个孔。
2. 将桑螵蛸、黑豆以及益智仁洗净，用纱布包好。
3. 砂锅中加适量的水、盐、药包及猪脬，武火烧开，文火炖至猪脬熟透，即可食用。

【功效与主治】温肾助阳，缩尿止遗。适用于虚劳、带下、阳痿、遗精等疾病。对肾阳虚衰所致的周身怕冷、性功能减退、小便自遗、倦怠乏力、腰膝酸软等症状，以及下元不固所致的带下量多、无味质稀、小腹冷痛、小便清长等症状有一定疗效。

【膳食服法】餐时服用。

【医学分析】膳食中桑螵蛸为螳螂科昆虫大刀螂等的卵鞘，其味甘、咸而性平，善补肾助阳、固精缩尿，多用于阳气不足、肾精不固之证，治疗遗尿、尿频之效更为显著。益智仁性味辛温，为肾脾兼治的药物，上可温脾胃摄涎唾，下可暖肾固精缩尿。益智仁与桑螵蛸同用，意在增强温肾气、固下元之功。猪脬，又名猪小肚、猪膀胱，专能固脬缩尿。糯米、黑豆则益气补肾，既加强全方滋补作用，又可制约主药之辛苦性燥。其尿频、遗尿者，与膀胱虚寒有关。膀胱和肾直接相通，其经脉相互络属、互为表里。肾阳不足，无以温助膀胱，故州都虚寒，小便失约。治宜温助肾阳，固摄下元。五味合用共奏温肾助阳、缩尿止遗之效。服用本品对肾阳虚衰所致的虚劳、带下、阳痿遗精等病症有一定疗效。

益智仁配羊肾　温补脾肾，缩尿止遗

【食材介绍——羊肾】

羊肾为牛科动物山羊或绵羊的肾。羊肾含有蛋白质、脂肪、维生素A、维生素C、硫胺素、核黄素、尼克酸、钙、磷、铁等多种成分。中医认为，羊肾味甘，性温，归肾经，具有补肾气、益精髓的功效。现代医学研究表明，羊肾中含有大量的铁元素，常食羊肾可以增加人体红细胞的数量，防治缺铁性贫血。羊肾富含维生素A、维生素C、钙、磷等物质，可以促进骨骼成长、防治夜盲、润泽肌肤。一般人均可食用羊肾，尤适于缺铁性贫血、夜盲、骨质疏松、腰酸、耳鸣、阳痿等人群。高尿酸血症、痛风者、肾炎患者等不宜单独食用。

补阳汤

【食药材】益智仁10克，淮山药6克，乌药6克，羊肾4对，鲜菜心50克，姜块15克，葱节20克，黄酒20克，熟猪油10克，干淀粉20克，鸡汤400克，鸡蛋清1个，食盐、胡椒粉等调味品适量。

【膳食制法】

1. 将淮山药、乌药及益智仁洗净，用纱布包好，放入砂锅，加水适量，武火烧开，文火煎煮30分钟，去渣取汁，浓缩备用。

2. 将羊肾洗净，去膜，切成薄片，加入黄酒、姜块、葱节、食盐，拌匀腌制15分钟，备用。

3. 将蛋清、干淀粉及一半中药汁加入到羊肾片中拌匀。鲜菜心洗净，入沸水余好，捞起待用。

4. 将炒锅置于火上，加入鸡汤和另一半药汁，将拌好的肾片下锅，余熟，加菜心炒匀，加入胡椒粉调味，即可食用。

【功效与主治】补益脾肾，缩尿止遗。适用于虚劳、遗精、滑精等疾病。对脾肾阳虚所致的身寒怕冷、性功能减退、小便清长、尿频量多、小便自遗等症状，以及脾肾亏虚所致的食少纳呆、面色不华、神疲倦怠等症状有一定疗效。

【膳食服法】餐时服用。

【附注】素体热盛者慎用。

黑芝麻

【来源】胡麻科植物芝麻的黑色种子。

【性味归经】甘，平。归肺、脾、大肠经。

【功效与主治】补肝益肾，补益精血，润燥通便。适用于肾精亏虚、肝肾不足所致的腰膝酸软、头晕眼花、双目干涩、须发早白、神疲乏力等症状，以及血虚精亏所致的大便秘结等症状。现代医学研究表明，黑芝麻对高脂血症有一定疗效。

【药理成分】含有蛋白质、油酸、亚油酸、棕榈酸、脂肪油、花生酸、芝麻素、维生素、叶酸、蔗糖、烟酸、卵磷脂、微量元素磷、钙、铁等。

【附注】脾弱便溏者不宜单独食用。

黑芝麻配粳米　补养五脏，乌须黑发

黑芝麻粥

【食药材】黑芝麻30克，粳米100克。

【膳食制法】

1. 将黑芝麻洗净去杂，炒熟，研碎备用。
2. 将粳米洗净后加适量水，煮至粥熟，加入黑芝麻粉，搅匀，即可食用。

【功效与主治】补养五脏，乌须黑发。适用于虚劳、便秘等疾病。对肝肾亏虚所致的腰膝酸软、须发早白、头晕眼花、双目干涩等症状，以及血虚肠燥所致的大便秘结、难以排出等症状有一定疗效。

【膳食服法】餐时服用。

【医学分析】膳食中芝麻是食、药兼备的滋补佳品，《神农本草经》称其"补五脏，益气力，长肌肉，填髓脑，久服轻身不老"。晋朝大医药学家葛洪云："服芝麻，服至百日，能除一切痼疾。一年身面光泽不饥，二年白发返黑，三年齿落更生。"中医认为，"肾藏精，其华在发"，"肝藏血，发为血之余"。因此，须发生长、早白、早脱均与肝肾关系密切。粳米养胃护中，与芝麻为粥共奏补肝肾、益精血、乌须发之效。服用本品对肝肾亏虚所致的虚劳、便秘等病症有一定疗效。

黑芝麻配糯米　健脑益智，美容养颜

芝麻核桃粥

【食药材】黑芝麻、核桃仁各30克，糯米100克。

【膳食制法】

1. 将糯米淘洗干净后，与洗净去杂的黑芝麻和核桃仁一起放入锅中。
2. 加入适量的水，武火烧开，文火熬煮，经常搅动，至熟，即可食用。

【功效与主治】健脑益智，美容养颜。适用于虚劳、痴呆等疾病。对髓海失养所致的反应迟钝、智力下降、记忆力减退等症状，以及气血亏虚所致的须稀发少、肤色无光、神疲乏力、气短懒言等症状有一定疗效。本方久服，具有一定的美容养颜作用。

【膳食服法】早餐食用。

芝麻三合泥

【食药材】黑芝麻750克，核桃仁750克，黑豆350克，糯米2000克，粳米1500克，绿豆350克，熟猪油3500克，白糖3500克。

【膳食制法】

1. 将糯米、绿豆、粳米、黑豆分别用温水泡发，泡至颗粒饱满，沥干水分，放入油锅内炒熟。
2. 将炒熟的米豆研磨成极细粉，过筛备用。
3. 将黑芝麻洗净炒熟；核桃仁开水泡开，沥干加油炸脆，压成碎粒，备用。
4. 将步骤2粉末放入碗中，用开水调匀。
5. 将炒锅置于中火上，加入熟猪油至热，再下步骤4调好的泥糊，不断翻炒，水干、吐油时，加入白糖炒酥起锅。
6. 装盘后撒上酥桃仁和熟黑芝麻，即可食用。

【功效与主治】滋养肝肾，补益脾肺。适用于眩晕、咳嗽、虚劳等疾病。对肝肾不足所致的头晕目眩、腰膝酸软、耳鸣如蝉、手足心热等症状，以及脾肺气虚所致的气短乏力、咳喘不止、动辄汗出、易于感冒等症状有一定疗效。

【膳食服法】餐时服用。

黑芝麻配鸭肉　滋阴养胃，健脾利水

芝麻五香鸭

【食药材】黑芝麻50克，鸭1只1500克，鸡蛋2个，面粉50克，面包糠130克，五香粉15克，姜片15克，葱节20克，菜油1000克，食盐、黄酒等调味品适量。

【膳食制法】

1. 鸭子洗净，去颈、头、翅尖后，将食盐、黄酒、五香粉调匀，均匀抹至鸭身的内外。

2. 把姜片、葱节放于鸭身表面，放入笼屉，以旺火隔水蒸熟后，取出鸭子。

3. 晾凉后，用刀剔去鸭子骨架，把剔下的鸭肉摆入盘内，皮面朝下，肉朝上。

4. 将鸡蛋打入碗内，加入面粉调成糊状，抹在鸭肉上，再撒上面包糠，皮面沾黑芝麻。

5. 将炒锅置于旺火上，倒入素油烧至六成熟时，将鸭皮向下入锅炸约2分钟，再翻面炸鸭肉，呈金黄色即可捞出。

6. 将鸭肉切成长条，即可食用。

【功效与主治】滋阴养胃，健脾利水。适用于虚劳、水肿等疾病。对脾肾亏虚所致的食少纳呆、神疲倦怠、少气懒言、腰膝酸软等症状，以及阳虚水泛所致的周身水肿、小便不利、尿频量多、畏寒肢冷等症状有一定疗效。

【膳食服法】餐时服用。

【附注】大便溏泄者不宜久服。

黑芝麻配白糖　补益肝肾，益气养血

美容乌发糕

【食药材】黑芝麻500克，墨旱莲10克，淮山药粉20克，制何首乌6克，酒炒女贞子6克，熟猪油200克，白糖250克。

【膳食制法】

1. 将墨旱莲、制何首乌及女贞子去净灰渣，研磨成粉，备用。
2. 将黑芝麻淘洗干净后沥干水分，再入锅内炒熟，打成细粉，加入白糖和中药末调拌均匀，加入熟猪油，反复揉匀成团。
3. 装入糕箱盒内，用力按平压紧，切成小方块，即可食用。

【功效与主治】补益肝肾，益气养血。适用于虚劳、眩晕、不寐等疾病。对肝肾不足所致的腰膝酸软、视物昏花、双目干涩、头晕眼花、须发早白、耳鸣如蝉、失眠多梦等症状有一定疗效。现代医学研究表明，本方对妇女围绝经期综合征有一定的防治作用。

【膳食服法】餐时服用。

黑芝麻配黄豆　温脾补肾，涩肠止泻

芝麻四神糊

【食药材】黑芝麻1000克，补骨脂15克，五味子10克，肉豆蔻6克，吴茱萸6克，生姜100克，红枣30克，黄豆30克，白糖500克。

【膳食制法】

1. 将肉豆蔻、吴茱萸、补骨脂、五味子、去核的红枣、生姜及黄豆洗净后晾干，然后烘干，打成粉末，备用。

2. 将黑芝麻炒香，打成细末，与准备好的中药末、白糖调合均匀，即可食用。

【功效与主治】温脾补肾，涩肠止泻。适用于虚劳、泄泻等疾病。对脾肾阳虚所致的晨起腹泻、神疲乏力、畏寒肢冷、面色㿠白、腰膝酸软、少气懒言等症状有一定疗效。现代医学研究表明，本方对慢性结肠炎有一定的防治作用。

【膳食服法】加入适量温开水调成糊状，即可食用。

黑芝麻配猪大肠　补中益气，润肠通便

麻麻炖猪肠

【食药材】黑芝麻100克，升麻6克，猪大肠30厘米，生姜、葱、食盐、料酒等调味品适量。

【膳食制法】

1. 猪大肠洗净，备用。

2. 将升麻和黑芝麻洗净后装入猪大肠内，放入砂锅，加姜、葱、料酒、盐及适量水。

3. 武火烧至沸腾，文火慢炖至大肠熟透，即可食用。

【功效与主治】补中益气，润肠通便。适用于虚劳、便秘、子宫脱垂等疾病。对中气下陷所致的子宫脱垂、肛门脱垂、肛门下坠感等症状，以及脾气亏虚所致的神疲乏力、动辄汗出、大便秘结、难以排出等症状有一定疗效。

【膳食服法】餐时服用。

黑芝麻配青鱼 健脾益气，通利大便

【食材介绍——青鱼】

青鱼，为鲤科动物。青鱼肉厚且嫩，味美脂少，是淡水鱼中的上品。青鱼含有蛋白质、脂肪、维生素A、维生素E、硫胺素、核黄、尼克酸、钙、磷、硒等多种成分。中医认为，青鱼味甘，性平，归肝经，具有益气化湿的功效。现代医学研究表明，青鱼含有EPA与DHA，EPA可以扩血管、防血凝，DHA对大脑细胞发育起到营养作用，有利于提升智力。青鱼含有丰富的核酸及硒，可滋养细胞，增强体质，延缓衰老，防治癌症。青鱼是一种高蛋白、低脂肪的食物，并富含谷氨酸、天冬氨酸等呈鲜味成分，味道鲜美，易于被人体吸收，是补充优质蛋白的上等食材。一般人均可食用青鱼，尤其适宜于水肿、脚气、营养不良等人群。

芝麻青鱼丸

【食药材】黑芝麻30克，青鱼肉250克，蛋清1个，牛奶50毫升，盐、油等调味品适量。

【膳食制法】

1. 将青鱼去皮、骨、刺，剁成茸。
2. 加入蛋清、牛奶、盐、料酒及淀粉，用力搅打至鱼茸成团为宜。
3. 用手挤成丸子，外裹黑芝麻，于油中炸至金黄色，即可食用。

【功效与主治】健脾益气，通利大便。适用于虚劳、便秘等疾病。对脾气亏虚所致的食少纳呆、少气懒言、消瘦无力、面色无华、肌肤干涩、大便干结等症状有一定疗效。现代医学研究表明，本方对消化不良及神经性厌食有一定防治作用。

【膳食服法】餐时服用。

黑芝麻配海带　健脾温中，利水渗湿

【食材介绍——海带】

海带，为大叶藻科植物大叶藻的全草。海带含有蛋白质、碳水化合物、膳食纤维、维生素K、维生素A、叶酸、钙、镁、碘等多种成分。中医认为，海带味咸，性寒，入肝、肾二经，具有软坚化痰、利水泄热的功效。现代医学研究表明，海带含碘量极高，碘是合成甲状腺素的主要原料，供甲状腺合成甲状腺素用，常食海带可以防止因缺碘所致的地方性甲状腺肿大。海带可以抑制人体对胆固醇的吸收，起到降低胆固醇的作用。海带中的膳食纤维藻胶具有吸收水分、软化大便以促进排便的作用。海带含有较多钾，可以起到调节钠、钾的平衡以降压的效果。一般人均可食用海带，尤其适宜于甲状腺肿大、高血压、血脂异常、便秘等人群。甲亢者不宜单独食用。

芝麻海带糕

【食药材】黑芝麻100克，海带末500克，淀粉适量，白糖等调味品适量。

【膳食制法】

1. 黑芝麻漂洗，晒干，炒至微黄，打成细末。
2. 加淀粉拌匀，再把海带末、糖掺到芝麻粉中，制成糕蒸熟，即可食用。

【功效与主治】健脾温中，利水渗湿。适用于水肿、肥胖等疾病。对脾失健运之水液停聚所致的周身水肿、小便不利、痰多黏腻、素体肥胖、动辄气促、时有汗出、神疲乏力等症状有一定疗效。现代医学研究表明，本方对肥胖症有一定防治作用。

【膳食服法】随时服用。

女贞子

【来源】木樨科常绿乔木植物女贞干燥的成熟果实。

【性味归经】甘、苦,凉。归肝、肾经。

【功效与主治】补益肝肾,乌发明目。适用于肝肾阴虚所致的视力减退、视物不明、须发早白、眩晕耳鸣、腰膝酸软、遗精滑精、失眠多梦、潮热盗汗等症状。现代医学研究表明,女贞子对缺铁性贫血也有一定疗效,还有调节免疫功能的作用。

【药理成分】含有齐墩果酸、乙酰齐墩果酸、熊果酸、甘露醇、脂肪酸、亚麻酸、油酸、多种微量元素等。

【附注】脾胃虚寒泄泻及阳虚者不宜单独食用。

女贞子配白酒　补益肝肾，养血明目

女贞子酒

【食药材】女贞子30克，白酒500毫升。

【膳食制法】

1. 将女贞子洗净，捣碎，用纱布包好，置瓶中，倒入白酒。
2. 密封保存7日，每天摇晃1次，即可饮用。

【功效与主治】补益肝肾，养血明目。适用于虚劳、围绝经期综合征等疾病。对肝肾阴虚所致的头晕目眩、腰膝酸软、须发早白、过早衰老、视物模糊等症状，以及阴虚内热所致的口渴欲饮、手足心热、潮热汗出等症状有一定疗效。

【膳食服法】适量饮用。

女贞子配猪肝　滋补肝肾，养阴明目

贞杞烧猪肝

【食药材】女贞子10克，枸杞子6克，猪肝250克，葱、姜、酱油、蒜、醋、香油、盐等调味品适量。

【膳食制法】

1. 将猪肝洗净，用竹签在猪肝上刺十余下。
2. 将葱、姜切片，蒜捣成茸，备用。
3. 将枸杞子和女贞子洗净，用纱布包好，放入砂锅，加水适量，武火烧开，文火煎煮30分钟，去渣取汁。放入猪肝、葱、姜及少量盐，煮至猪肝熟。
4. 猪肝取出放凉，切片后装盘。
5. 蒜茸、醋、酱油和香油调汁，浇至猪肝片，即可食用。

【功效与主治】滋补肝肾，养阴明目。适用于虚劳、眩晕、不寐等疾病。对肝肾阴虚所致的头晕目眩、耳鸣如蝉、腰膝酸软、视物模糊、性功能减退等症状，以及久病后期，气血亏虚所致的面色无华、神疲乏力、睡眠不佳、夜内多梦等症状有一定疗效。

【膳食服法】餐时服用。

女贞子配甲鱼　滋补肝肾，清热养阴

贞杞山萸甲鱼汤

【食药材】女贞子10克，山茱萸6克，枸杞子6克，甲鱼1只，姜、葱、盐等调味品适量。

【膳食制法】

1. 将山茱萸、枸杞子及女贞子洗净，用纱布包好。
2. 将葱切成段，姜切成片，备用。
3. 将甲鱼宰杀，洗净切块，入水焯好，放入砂锅内，加水适量，再放药袋、葱段、姜片、盐，武火烧沸，文火煮至甲鱼熟烂。
4. 最后拣出药袋、葱段、姜片，加入葱花，即可食用。

【功效与主治】滋补肝肾，养阴清热。适用于虚劳、不寐、眩晕、闭经等疾病。对肝肾阴虚所致的咽干口燥、腰膝酸软、倦怠乏力、手足心热、头晕目眩、月经量少、睡眠不佳等症状有一定疗效。现代医学研究表明，本方对机体免疫力低下有一定的防治作用。

【膳食服法】餐时服用。

女贞杞药甲鱼汤

【食药材】女贞子6克，山药6克，枸杞子6克，甲鱼1只，盐、料酒等调味品适量。

【膳食制法】

1. 将甲鱼宰杀，洗净切块，入水焯好。女贞子、山药洗净，用纱布包好。

2. 将药袋、枸杞子、甲鱼放入砂锅，加入料酒，待熟时加入食盐，炖烂，拣去药包，即可食用。

【功效与主治】补益肝肾，美容养颜。适用于虚劳、不寐等疾病。对肝肾不足所致的形体瘦弱、少气懒言、面色无华、手足心热、腰膝酸软、睡眠不佳、夜间多梦、皮肤干燥等症状有一定疗效。本品久服，有一定美容养颜作用。

【膳食服法】餐时服用。

女贞子配香菇　益气养阴，柔肝养血

虫草贞芪香菇鸭

【食药材】女贞子10克，冬虫夏草3克，炙黄芪6克，香菇50克，肥鸭1只，葱、姜、料酒、胡椒粉、盐等调味品适量。

【膳食制法】

1. 将黄芪、女贞子和虫草洗净，用纱布包好；用温水泡发香菇，姜、葱切成片。

2. 鸭子杀好、洗净，放入砂锅，加适量的水，放入药袋、香菇及葱、姜、盐、料酒、胡椒粉。

3. 武火烧沸，文火炖至鸭肉熟烂，最后取出药袋，拣出姜、葱，即可食用。

【功效与主治】平衡阴阳，调补五脏。适用于虚劳、眩晕、不寐等疾病。对气血阴阳失调、五脏虚损所致的神疲乏力、形体消瘦、口干咽燥、潮热汗出、头晕目眩、畏寒肢冷、面色晦暗等症状有一定疗效。现代医学研究表明，本方对机体免疫力低下有一定的防治作用。

【膳食服法】餐时服用。

女贞子配芋头　滋补肝肾，明目乌发

【食材介绍——芋头】

芋头，又称芋，为天南星科植物的地下球茎。芋头含有蛋白质、钙、胡萝卜素、烟酸、维生素C、皂角甙、磷、铁、氟等多种成分。中医认为，芋头味甘、辛，性平，归胃经，具有健脾补虚、散结解毒的功效。现代医学研究表明，芋头富含氟，具有洁齿防龋、保护牙齿的作用；芋头中的黏液蛋白，被人体吸收后能提高机体的抵抗力。芋头含有丰富的黏液皂素及多种微量元素，能助消化，增进食欲，同时补充人体所需营养物质。一般人均可食用芋头，尤其适宜于消化不良、龋牙、免疫力低下等人群。

女贞烧三鲜

【食药材】女贞子15克，莴笋100克，红萝卜100克，芋头150克，葱白、生姜、盐、白糖、油等调味品适量。

【膳食制法】

1. 将女贞子洗净捣碎，用纱布包好，加入适量水，武火烧开，文火煎煮30分钟，去渣取汁，浓缩备用。

2. 将红萝卜和芋头、莴笋洗净切块。炒锅置于火上，加植物油，烧至六成热时，将切块过油、捞起备用。

3. 将炒锅置于旺火上，加植物油，放入葱、姜爆香，倒入过油的红萝卜和芋头、莴笋，放入药汁、白糖、盐，菜熟即可食用。

【功效与主治】滋补肝肾，明目乌发。适用于眩晕、头痛、虚劳、不寐等疾病。对肝肾亏虚所致的头痛发胀、头晕目眩、腰膝酸痛、须发早白、手足心热、心烦躁扰、睡眠不佳、倦怠乏力、少气懒言、夜间多梦等症状有一定疗效。

【膳食服法】餐时服用。

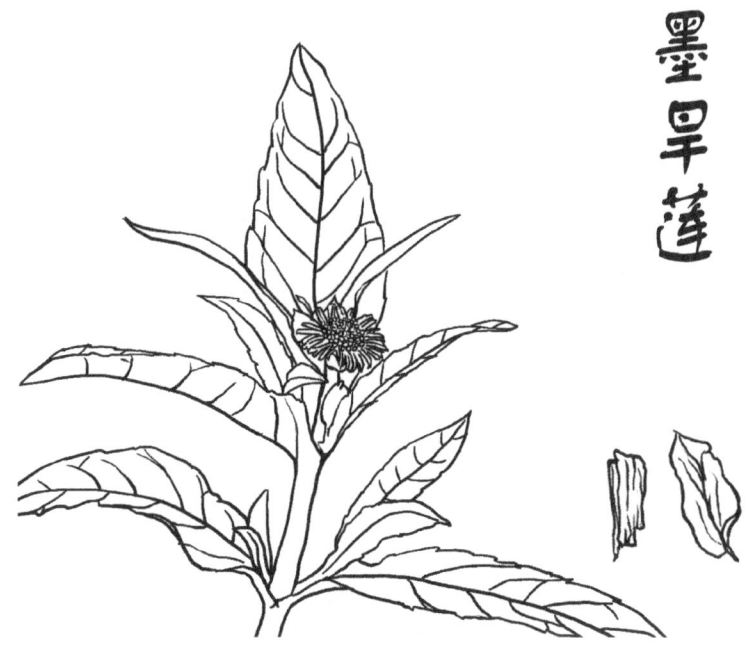

墨旱莲

【来源】菊科一年生草本醴肠的干燥的地上部分。

【性味归经】甘、酸，寒。归肝、肾经。

【功效与主治】滋补肝肾，凉血止血。适用于肝肾亏虚所致的头晕目眩、腰膝酸软、须发早白、遗精耳鸣、便血尿血、血热吐衄、崩漏下血、五心烦热等症状。

【药理成分】含有皂苷、鞣质、维生素、烟碱、蟛蜞菊内脂等。

【附注】胃弱便溏、肾气虚寒者不宜单独食用。

旱莲草配黑豆 益气养阴，补肾明目

旱莲黑豆膏

【食药材】墨旱莲20克，黑豆50克，蜂蜜20克。

【膳食制法】

1. 将墨旱莲洗净，用纱布包好，与黑豆一同放入锅内，加水适量，武火烧开，文火水煎30分钟，去渣取汁。

2. 文火浓缩后加适量蜂蜜，煮沸收膏，即可食用。

【功效与主治】益气养阴，补肾明目。适用于围绝经期综合征、虚劳、盗汗、遗精、早泄等疾病。对气血不足所致的指甲发白、倦怠乏力、少气懒言、头晕眼花等症状，以及肝肾不足所致的眼目干涩、牙齿松动、腰膝酸软、睡眠不佳、记忆力减退、心烦易怒、夜间汗出、须发花白、头发脱落、月经稀少、性功能减退等症状有一定疗效。

【膳食服法】餐时服用。

二至黄精黑豆膏

【食药材】墨旱莲30克，黄精20克，女贞子10克，黑豆50克，蜂蜜适量。

【膳食制法】

1. 将旱莲草、黄精、女贞子、黑豆洗净，用纱布包好，加水适量，武火烧开，文火水煎30分钟，去渣取汁，文火浓缩。

2. 加入适量蜂蜜，煮沸，放置待凉，即可食用。

【功效与主治】补益肝肾，滋阴降火。适用于齿衄、便血、围绝经期综合征、盗汗等疾病。对阴虚火旺所致的牙龈出血、大便带血、睡中汗出、五心烦热、口苦口干等症状，以及肝肾不足所致的须发花白、腰膝酸软、眼目干涩、听力减退等症状有一定疗效。

【膳食服法】餐时服用。

旱莲豆姜饮

【食药材】鲜墨旱莲4千克,姜汁100克,黑豆300克,蜂蜜500克。

【膳食制法】

1. 将鲜旱莲草、黑豆洗净,待用。
2. 将旱莲草、黑豆榨汁,与姜汁、蜂蜜混匀。
3. 煮沸,即可饮用。

【功效与主治】滋阴补肾,养血益气。适用于围绝经期综合征、眩晕、虚劳等疾病。对肝肾不足、气血亏虚所致的脱发白发、心烦易怒、潮热出汗、头晕头痛、身体消瘦、腰膝酸软、疲乏无力、少气懒言等症状有一定疗效。

【膳食服法】餐时服用。

墨旱莲配鸡肉　　滋阴清热,益肾填精

二至鸡丝汤

【食药材】墨旱莲10克,女贞子、麦冬、生地、地骨皮各5克,鸡肉150克,盐、葱花等调味品适量。

【膳食制法】

1. 将上述中药洗净,装入纱布包好,武火烧开,文火煎煮30分钟,去渣取汁,备用。
2. 将鸡肉洗净、切丝,加入药汁及适量水,熬煮至鸡肉熟烂,加入食盐、葱花适量调味,即可食用。

【功效与主治】滋阴清热,益肾填精。适用于围绝经期综合征、阳痿、早泄、肺痨等疾病。对阴虚火旺所致的五心烦热、烘热汗出、咳嗽咳血、声音嘶哑等症状,以及肾精不足所致的头晕耳鸣、倦怠乏力、少气懒言、腰膝酸软、性生活障碍等症状有一定疗效。

【膳食服法】餐时服用。

旱莲草配猪排 清热凉血，益气健脾

【食材介绍——猪排】

猪排，为猪科动物猪的排骨肉。猪排含有脂肪、磷酸钙、骨胶原、骨蛋白、烟酸、维生素B_{12}、铁、锌等多种成分。中医认为，猪排味甘、咸，性微寒，归脾、胃、肾经，具有补虚弱、壮腰膝、增气力、强筋骨的功效。现代医学研究表明，猪排骨含有大量磷酸钙、骨胶原、骨蛋白等物质，可为幼儿、青少年和老人提供丰富钙质。猪排骨富含蛋白质、脂肪及多种微量元素，可为人类提供优质蛋白质和必需的脂肪酸，可以补充人体所需的营养，提高免疫力。一般人均可食用猪排，尤其适宜于青少年、老人、骨质疏松、营养不良等人群。肥胖、血脂异常者不宜单独食用。

旱莲猪排汤

【食药材】墨旱莲10克，藕节6克，猪排肉100克，食盐、葱花等调味品适量。

【膳食制法】

1. 将墨旱莲、藕节洗净，用纱布包好，煎煮30分钟，去渣取汁，备用。
2. 猪肉洗净，切片，加入药汁煮至猪肉熟烂。
3. 加入食盐、葱花调味，即可食用。

【功效与主治】清热凉血，益气健脾。适用于鼻衄、便血、齿衄、尿血、虚劳等疾病。对血热内盛所致的各种血证（如鼻衄、便血、齿衄、尿血等）、心烦口渴、牙龈肿痛、咽喉红肿、目赤肿痛等症状，以及脾气不足所致的周身乏力、少气懒言、不欲饮食等症状有一定疗效。

【膳食服法】餐时服用。

旱莲草配大白菜　滋阴清热，消肿止痛

【食材介绍——大白菜】

大白菜，属十字花科蔬菜。大白菜含有膳食纤维、维生素A、维生素B、维生素C、磷、镁、钙等多种成分。中医认为，大白菜味甘，性平，归胃、肠经，具有除烦解渴、通利肠胃的功效。现代医学研究表明，白菜含有丰富的粗纤维，可以刺激肠胃蠕动，促进大便的排放，并能预防肠癌。大白菜富含钙元素，常食大白菜可以预防骨质疏松、佝偻病。大白菜含水量高，热量低，并含有大量的维生素，常食白菜可以护肤和养颜。此外，常食大白菜可以防止乳腺癌。一般人均可食用大白菜，尤其适宜于便秘、皮肤干燥、骨质疏松、佝偻病等人群。腹泻、胃痛者不宜单独食用。

旱莲白菜饮

【食药材】墨旱莲20克，蒲公英10克，白菜1000克，盐等调味品适量。

【膳食制法】

1. 将大白菜洗净并放入榨汁机中，取汁备用。
2. 将墨旱莲及蒲公英洗净，用纱布包好，水煎30分钟后，去渣取汁。
3. 将上述两汁混合，烧开，加入适量食盐，即可饮用。

【功效与主治】滋阴清热，消肿止痛。适用于痔疮、咳嗽、喉痹、疔疖等疾病。对血热内盛所致的大便带血、肛门瘙痒、红肿疼痛、里急后重等症状，以及火热内盛所致的咽喉肿痛、目赤肿痛、牙龈肿痛、局部红肿等症状有一定疗效。

【膳食服法】代茶饮。

旱莲草配冰糖　滋阴清热，补益肝肾

旱莲红枣饮

【食药材】墨旱莲10克，红枣6克，冰糖15克。

【膳食制法】

1. 将红枣洗净去核，旱莲草洗净，一起用纱布包好。
2. 将纱布包放入砂锅，加水适量，煎后去渣取汁。
3. 加入冰糖，待冰糖融化搅匀，即可饮用。

【功效与主治】滋阴清热，补益肝肾。适用于围绝经期综合征、虚劳、盗汗等疾病。对肝肾阴亏、虚热内盛所致的潮热汗出、五心烦热、疲乏无力、腰膝酸软、消瘦倦怠、少气懒言或偶有头晕等症状有一定疗效。现代医学研究表明，本方对失血性贫血等病症有一定防治作用。

【膳食服法】餐时服用。

旱莲草配猪肝　补益肝肾，益气养血

旱莲猪肝羹

【食药材】墨旱莲6克，炙黄芪3克，生姜3克，当归3克，猪肝100克，盐等调味品适量。

【膳食制法】

1. 将猪肝焯水定型后，切片备用；将旱莲草、当归、黄芪、生姜等洗净，用纱布袋装好。
2. 将纱布袋放入砂锅，加清水适量，煎煮30分钟，去渣取汁。

3. 将药汁武火煮开，加入适量水，下猪肝，待熟后，加盐等调味品，即可食用。

【功效与主治】补益肝肾，益气养血。适用于围绝经期综合征、虚劳等疾病。对肝肾亏虚、阴血不足所致的心慌胸闷、须发早白、面唇色淡、肢体麻木、心烦易怒、腰膝酸软、月经量少甚或闭经、周身乏力、少气懒言等症状有一定疗效。

【膳食服法】餐时服用。

旱莲草配粳米　　益气健脾，滋阴清热

莲参粥

【食药材】墨旱莲5克，西洋参2克，粳米100克，盐等调味品适量。

【膳食制法】

1. 将墨旱莲、西洋参洗净，用纱布包好，放入砂锅，加清水适量，武火烧开，文火煎煮30分钟，去渣取汁，备用。

2. 下粳米，煎煮至米烂粥熟。

3. 加入适量食盐调味，搅匀，即可食用。

【功效与主治】益气健脾，滋阴清热。适用于围绝经期综合征、盗汗、虚劳、不寐等疾病。对肝肾阴亏、虚热内盛所致的五心烦热、潮热盗汗、头晕不适、入睡困难、多梦易醒、夜间汗出、周身乏力、少气懒言等症状有一定疗效。

【膳食服法】餐时服用。

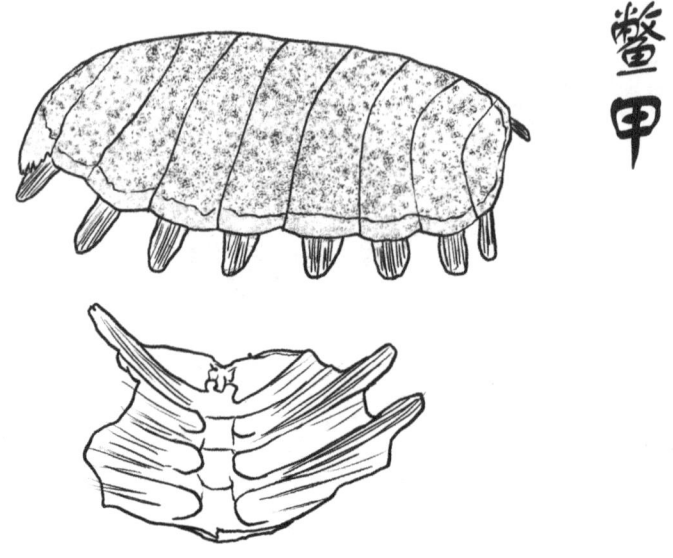

鳖甲

【来源】鳖科动物鳖的干燥背甲。

【性味归经】甘、咸，微寒。归肝、肾经。

【功效与主治】滋阴潜阳，软坚散结。适用于肝肾阴虚所致的头晕耳鸣、腰膝酸软、疲乏无力、急躁易怒等症状，以及气滞血瘀所致的腹部包块、颈前部肿块、子宫肌瘤等症状。现代医学研究表明，对抑制肝脾的结缔组织增生、提高血浆蛋白水平有一定作用。

【药理成分】含有胶质、维生素D、角蛋白、碘等。

【附注】阴虚泄泻、脾弱胃衰、产后泄泻者不宜单独食用。

鳖甲配红糖　滋阴清热，软坚散结

五味代茶饮

【食药材】鳖甲10克，熟地5克，党参5克，桃仁3克，红花3克，红糖适量。

【膳食制法】

1. 将鳖甲洗净，打碎，用纱布包好，先煎30分钟。将熟地、党参、桃仁、红花洗净，用纱布包好，加入鳖甲药液中，煎煮30分钟，去渣取汁，备用。

2. 加红糖调味，即可饮用。

【功效与主治】补益肝肾，软坚散结。适用于围绝经期综合征、虚劳、瘿病等疾病。对肝肾不足、痰瘀互结所致的疲乏无力、倦怠懒言、腰膝酸软、睡眠不佳、面色无华、心烦易怒、颈前肿大等症状有一定疗效。

【膳食服法】代茶饮。

鳖甲配白酒　养血活血，祛风通络

变化史国公药酒

【食药材】鳖甲60克，当归15克，羌活15克，狗骨（炙）30克，萆薢15克，防风15克，秦艽15克，松节20克，蚕沙10克，牛膝15克，枸杞子30克，茄根（饭上蒸熟）200克，白酒5000克。

【膳食制法】

1. 将上述药物洗净，晾干，加工成粗末，放置于纱布袋中。

2. 与白酒共置入玻璃容器中，密封浸泡，每日摇晃1次，浸泡15日，即可饮用。

【功效与主治】活血散风，强筋止痛。适用于痹症、腰痛、中风后遗症等疾病。对肝肾不足所致的四肢麻木、骨节酸痛、手足不遂、瘫痪痿痹、筋骨拘挛等症状，以及肾阳亏虚、外感风寒之邪所致的关节疼痛、肌肉萎缩、四肢活动不利、疲乏无力、倦怠懒言、畏寒肢冷等症状有一定疗效。

【膳食服法】适量饮用。

【附注】孕妇慎用。

鳖甲配鸡肉　益气养阴，培补脾肾

鳖甲炖鸡

【食药材】鳖甲50克，母鸡1只，黄酒、姜、葱、食盐等调味品适量。

【膳食制法】

1. 将鳖甲洗净，打碎，用纱布包好，加水，武火烧开，文火煎煮30分钟，备用。

2. 母鸡洗净，切成小块，置于锅中，加适量清水，武火烧开，去除血沫，加入药汁及药袋。

3. 锅中加入适量清水，加入黄酒、姜、葱、食盐，炖煮至鸡肉熟烂，去除纱布袋，即可食用。

【功效与主治】益气养阴，培补脾肾。适用于阳痿、虚劳等疾病。对阴虚火旺所致的性功能减退、五心烦热、心烦易怒、小便短赤、大便干结、耳鸣腰酸等症状，以及脾胃虚弱所致的食少纳呆、疲乏无力、面色无华、身体消瘦、倦怠懒言等症状有一定疗效。现代医学研究表明，本方对机体免疫力低下有一定防治作用。

【膳食服法】餐时服用。

鳖甲配黄酒　滋阴清热，息风通络

育阴酒

【食药材】生鳖甲30克，生牡蛎、生龟板、生龙骨各10克，阿胶、白芍各3克，钩藤、生地、沙参、当归、麦冬、茯神、桑寄生各5克，黄酒1000毫升。

【膳食制法】

1. 将生牡蛎、生龟板、鳖甲、生龙骨洗净打碎，用纱布包好，先煎30分钟。

2. 将余药洗净，用纱布包好，加入以上药汁，文火煎煮30分钟，去渣取汁。

3. 将黄酒与药汁混为一体，武火煮开，即可饮用。

【功效与主治】育阴潜阳，镇肝熄风。适用于眩晕、围绝经期综合征、中风（后遗症期）等疾病。对阴虚阳亢所致的头晕目眩、头重脚轻、听力减退、心烦易怒、腰膝酸软、疲乏无力、四肢活动不利等症状有一定疗效。

【膳食服法】适量饮用。

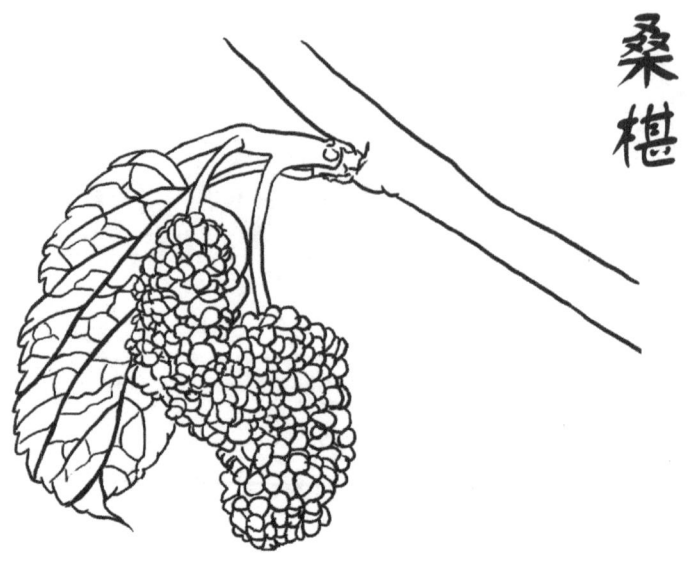

桑椹

【来源】桑科乔木植物桑、鸡桑的果实。

【性味归经】甘、酸,寒。归肝、肾经。

【功效与主治】滋阴养血,补肝益肾。适用于阴血不足所致的头晕目眩、耳鸣心悸、烦躁失眠和肝肾阴虚所致的腰膝酸软、须发早白、阴虚血少、消渴口干等症状,以及肠道燥热所致的大便干结、便秘等症状。

【药理成分】含有葡萄糖、果糖、蔗糖、鞣质、有机酸(苹果酸、酒石酸、琥珀酸)及维生素A、B_1、B_2、C及烟酸等。

【附注】脾胃虚寒、大便溏泻或肾虚无热者不宜单独食用。

桑椹配白酒　滋阴补血，补肾乌发

桑椹黄芪酒

【食药材】桑椹250克，炙黄芪20克，白酒1500克。

【膳食制法】

1. 将黄芪、桑椹洗净，晾干，装入纱布袋，备用。
2. 将纱布袋放入白酒中浸泡，封口，每日摇晃1次，经7日，即可饮用。

【功效与主治】滋阴补血，补肾乌发。适用于眩晕、虚劳、围绝经期综合征等疾病。对肝肾不足所致的口干舌燥、燥热咽干、小便不利、周身乏力、腰膝酸软、心烦易怒等症状，以及气血不足所致的面色无华、月经量少、疲乏无力、头晕不适、须发早白等症状有一定疗效。

【膳食服法】适量饮用。

桑椹配粳米　滋补肝肾，益气健脾

桑椹粳米酒

【食药材】鲜桑椹500克，粳米3000克，酒曲20克。

【膳食制法】

1. 将桑椹捣碎榨汁，过滤煮沸；米煮半熟沥干。
2. 米与桑椹汁液拌匀，再次蒸煮后，放入酒曲适量搅拌，装入瓦坛内，保温发酵。
3. 待酒至味甜可口时，即可饮用。

【功效与主治】滋补肝肾，益气健脾。适用于围绝经期综合征、眩晕、虚劳、不寐等疾病。对肝肾不足所致的听力减退、视物昏花、智力低下、五心烦热、潮热汗出、睡眠不佳、疲乏无力等症状有一定疗效。

【膳食服法】适量饮用。

桑椹配芝麻　滋阴补阳，健益脾肾

桑椹麻仁芝麻糕

【食药材】桑椹30克，麻子仁10克，黑芝麻60克，糯米粉700克，粳米粉300克，白糖30克。

【膳食制法】

1. 将桑椹、麻子仁洗净，加水，武火烧开，文火水煎30分钟，去渣取汁，备用。
2. 将药汁倒入盛糯米粉、粳米粉、白糖的盆内，揉成面团，制成糕。
3. 往每块糕上撒上黑芝麻，上蒸笼蒸至熟，即可食用。

【功效与主治】滋阴补阳，健益脾胃。适用于便秘、虚劳、胃痛等疾病。对肝肾不足所致的身体倦怠、食少乏力、倦怠懒言、腰膝酸软、五心烦热等症状，以及脾胃气虚所致的食少纳呆、身体瘦弱、面色不华、睡眠不佳、大便难下、胃部胀满等症状有一定疗效。

【膳食服法】餐时服用。

桑椹配冰糖　补血安神，补益肝肾

桑椹蜜膏

【食药材】鲜桑椹1000克，蜂蜜50克。

【膳食制法】

1. 桑椹洗净，用纱布包好，加水适量以武火烧开，文火煎煮30分钟，去渣取汁。

2. 再以文火煎熬浓缩。

3. 至较稠黏时加蜜，至沸停火，待冷后装瓶，即可食用。

【功效与主治】补血安神，补益肝肾。适用于不寐、厌食、贫血等疾病。对肝肾亏虚所致的腰膝酸软、五心烦热、面色无华、月经稀少、周身乏力、体弱多病和心血不足所致的心慌气短、倦怠懒言、疲乏无力、睡眠不佳等症状，以及脾胃虚弱所致的食少纳呆、身体瘦弱、胃脘不适、大便稀薄等症状有一定疗效。

【膳食服法】早餐前服用。

桑椹配鸡蛋　益气养血，滋阴润燥

桑椹蒸蛋

【食药材】鲜桑椹200克，核桃肉30克，鸡蛋2个，香油5克，酱油、盐等调味品适量。

【膳食制法】

1. 将桑椹、核桃肉打成泥，备用。将鸡蛋放入碗内，加入食盐，打散至起泡。蛋内加入桑椹及核桃泥。

2. 放入蒸笼内，旺火煮水，蒸约10分钟取出，加入香油、酱油调味，即可食用。

【功效与主治】益气养血，滋阴润燥。适用于眩晕、便秘、虚劳、围绝经期综合征等疾病。对肝肾不足所致的头昏眼花、须发早白、腰膝酸软、心烦易怒、烘然汗出、倦怠懒言、耳轮焦枯、耳鸣耳聋等症状，以及血虚津枯所致的大便秘结、排便不适、皮肤干燥、口唇干裂等症状有一定疗效。

【膳食服法】餐时服用。

【附注】脾虚大便溏薄者不宜服用。

桑椹墨女蛋糕

【食药材】桑椹子50克,墨旱莲10克,女贞子10克,鸡蛋8个,白糖300克,面粉200克,发面碱水适量。

【膳食制法】

1. 将桑椹子、墨旱莲、女贞子洗净,加水,武火烧开,文火水煎30分钟,去渣取汁,放至温。
2. 将白糖、鸡蛋、面粉拌匀,加药汁、酵母揉成面团。
3. 待发酵后,加碱水揉匀,做成蛋糕,上笼蒸约15分钟至熟,即可食用。

【功效与主治】滋补肝肾,润肺和中。适用于眩晕、不寐、咳嗽等疾病。对肝肾亏虚所致的阴虚体弱、腰膝酸软、头晕不适、睡眠不佳等症状,以及肺阴亏虚所致的干咳少痰、身体消瘦、食少纳呆等症状有一定疗效。

【膳食服法】餐时服用。

桑椹配猪肝　滋阴养血,补益肝肾

滋肾猪肝

【食药材】桑椹10克,枸杞5克,熟地5克,菟丝子3克,车前子3克,酒炒女贞子5克,肉苁蓉3克,猪肝250克,鸡蛋清2个,熟鸡油8克,鸡汤70克,葱节15克,姜片10克,盐、胡椒粉、黄酒等调味品适量。

【膳食制法】

1. 将熟地、桑椹、女贞子、菟丝子、肉苁蓉、车前子、枸杞洗净,用纱布包好,加水武火烧开,文火煎煮30分钟,去渣取汁,浓缩备用。
2. 猪肝除去白筋,用刀背捶成茸,盛入盆内,加清水150克调匀至肝汁,用筛子滤去肝渣不用。
3. 姜片、葱节放入肝汁中浸泡10分钟后,拣去不用。
4. 加入鸡蛋清、食盐、胡椒粉、黄酒、中药汁及鸡汤,在汤碗内调拌均匀,入笼用武火开水蒸15分钟左右,使肝汁、药汁互相结合成膏至熟,即可食用。

【功效与主治】滋阴养血,补益肝肾。适用于围绝经期综合征、虚劳、眩晕、颤症等疾病。对肝肾不足、精血亏虚所致的潮热汗出、五心烦热、视物昏花、目内干涩、听力减退、手足颤抖、腰膝酸软、周身乏力、少气懒言等症状有一定疗效。

【膳食服法】餐时服用。

桑椹配猪肉　滋补肝肾,益气填精

桑椹里脊

【食药材】桑椹子50克,女贞子5克,旱莲草5克,山萸肉5克,猪里脊肉300克,鸡蛋2个,菜油700克,细干淀粉80克,熟猪油40克,黄酒10克,醋25克,姜10克,蒜20克,葱花20克,麻油、食盐、酱油、白糖等调味品适量。

【膳食制法】

1. 将猪里脊肉用力拍松,切成宽、厚0.6厘米和长约2厘米的条。

2. 葱、姜、蒜洗净,切成粒;将桑椹子、女贞子、旱莲草、山萸肉洗净,烘干研成细末。

3. 将食盐、酱油、鸡蛋清、中药粉与肉条调拌均匀,再拌淀粉。另将酱油、葱、白糖、黄酒、淀粉兑成料汁。

4. 炒锅置于旺火上,下菜油烧至七成热,分散投入肉条,炸至金黄色,表面发脆时捞起,留少许炸油。

5. 油烧热,加入姜、熟猪油、蒜粒炒香,烹入料汁搅匀,放入里脊肉、醋,炒均匀,淋上麻油入盘,即可食用。

【功效与主治】滋补肝肾,益气填精。适用于眩晕、虚劳、头痛等疾病。对肝肾阴虚所致的头晕头痛、耳鸣耳聋、视力下降、须发早白、腰膝酸软等症状,以及气血亏虚所致的疲乏无力、身体瘦弱、面色不华、食少纳呆、倦怠懒言等症状有一定疗效。

【膳食服法】餐时服用。

【附注】糖尿病患者,宜将白糖调换成木糖醇。

桑葚配糯米 补益肝肾，聪耳明目

桑葚醪酒

【食药材】鲜桑葚1000克，糯米500克，酒曲适量。

【膳食制法】

1. 将鲜桑葚洗净捣汁，再将桑葚汁与糯米共同烧煮，做成糯米饭，待冷却后备用。
2. 将酒曲打碎，加入糯米饭内，拌匀。
3. 装入瓷盆内，加盖盖好，放置发酵数日，即成酒酿，即可食用。

【功效与主治】补血益肾，聪耳明目。适用于消渴病、便秘、虚劳等疾病。对阴血不足、肝肾亏损所致的口干口渴、身体消瘦、大便干结、睡眠欠佳、记忆力减退、目暗昏花、腰膝酸软、口唇色淡等症状有一定疗效。

【膳食服法】餐时服用。

桑葚配黑豆 滋阴补阳，润肠通便

桑葚苁蓉黑豆汁

【食药材】桑葚30克，肉苁蓉10克，炒枳壳5克，黑豆20克，白糖等调味品适量。

【膳食制法】

1. 将黑豆洗净，并放入锅中。
2. 将桑葚、肉苁蓉、炒枳壳洗净，用纱布包好，武火烧开，文火煎煮30分钟，去渣取汁。放入黑豆，加水适量，再煎煮至豆熟，去渣取汤，加入适量白糖，即可饮用。

【功效与主治】滋阴补阳，润肠通便。适用于便秘、眩晕等疾病。对阴虚血少、肠燥津亏所致的大便难下、口舌干燥等症状，以及肝肾不足所致的腰膝酸软、听力减退、头晕目眩、面色无华等症状有一定疗效。

【膳食服法】餐时服用。

桑椹配面粉　养阴润燥，美容养颜

桑椹饼干

【食药材】桑椹50克，白糖50克，面粉300克。

【膳食制法】

1. 将桑椹洗净，放入铝锅内，加适量水，武火烧开，用文火煮30分钟，去渣取汁，备用。

2. 把白糖与面粉混匀，用药汁揉和成面团，做成饼干，烘烤熟，即可食用。

【功效与主治】养阴润燥，美容养颜。适用于虚劳、眩晕、耳鸣、便秘等疾病。对肝肾阴虚、气血亏虚所致的头晕目眩、听力减退、少气懒言、排便费力、倦怠懒言、周身乏力、五心烦热等症状有一定疗效。本方久服，有一定美容养颜功效。

【膳食服法】餐时服用。

韭菜子

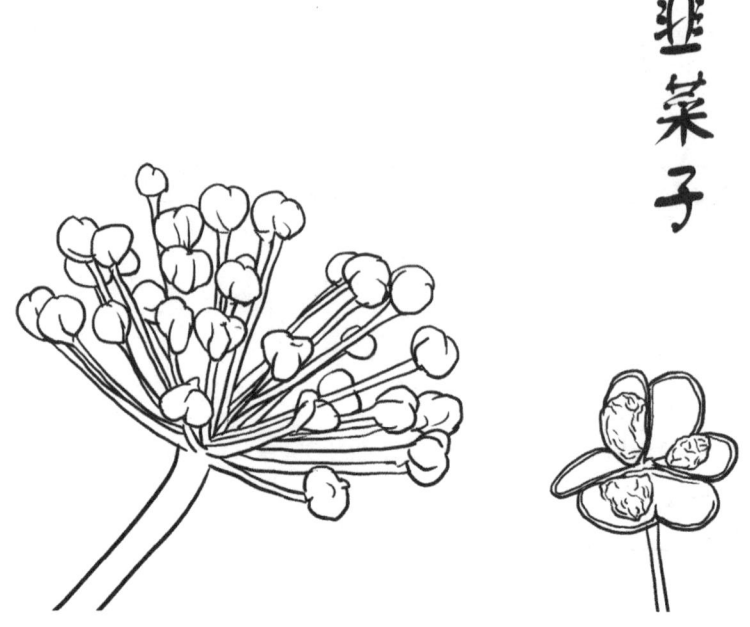

【来源】韭菜的成熟种子。

【性味归经】辛、甘,温。归肾、肝经。

【功效与主治】补益肝肾,滋补肾阳,涩精止遗。适用于肾阳亏虚所致的阳痿早泄、遗精尿频、白带过多、腰膝冷痛等症状,以及肝肾不足所致的腰膝酸软、冷痛、头晕耳鸣、周身乏力等症状。

【药理成分】含生物碱、皂苷等。

【附注】三焦有火及阴虚火旺者不宜单独食用。

韭菜子配粳米　补肾固精，强壮腰膝

韭菜子粥

【食药材】韭菜子6克，粳米60克，盐等调味品适量。

【膳食制法】

1. 韭菜子捣碎，用纱布包好，加水，武火烧开，文火煎煮30分钟，去渣取汁，浓缩备用。

2. 加药汁及水熬至粥熟，加入食盐，搅匀，即可食用。

【功效与主治】补益肝肾，强壮腰膝。适用于阳痿、遗精、虚劳、腰痛等疾病。对肝肾亏虚所致的男子性生活功能减退、腰膝酸软、畏寒肢冷、尿频尿急、周身乏力、少气懒言等症状有一定疗效。

【膳食服法】餐时服用。

【附注】方中韭菜子为韭菜的种子，性味辛甘而温，功能"补肝肾，暖腰膝，兴阳道"(《滇南本草》)，故可用治上述诸症。本品配伍粳米煮粥，既可增强补益作用，又可降低特异的辛辣气味，易于服用。

韭菜子配蛏子　补肾壮阳，固精止遗

【食材介绍——蛏子】

蛏子，为竹蛏科动物缢蛏的肉。蛏子含有蛋白质、脂肪、碳水化物、硒、铁、碘等多种成分。中医认为，蛏子味甘、咸，性寒，归心、肝、肾经，具有补阴、清热、除烦的功效。现代医学研究表明，蛏子含大量的碘，可以供甲状腺合成甲状腺素用，常食蛏子可以防止因缺碘所致的地方性甲状腺肿大。蛏子中的硒元素含量也特别丰富，可以提高机体免疫力，缓解放疗、化疗病人的烦渴症状。一般人均可食用蛏子，尤其适宜于地方性甲状腺肿大、放疗或化疗病人、烦热口渴等人群。腹泻者不宜单独食用。

韭子蛏子粥

【食药材】韭菜子6克，粳米50克，活蛏子6个，食盐等调味品适量。

【膳食制法】

1. 将蛏子洗净，备用。韭菜子捣碎，用纱布包好，加水，武火烧开，文火煎煮30分钟，去渣取汁，浓缩备用。

2. 用药汁加入适量水，将粳米煮成粥。

3. 待出锅前10分钟，放入蛏子，煮至熟烂，加盐调味，即可食用。

【功效与主治】补肾壮阳，固精止遗。适用于阳痿、遗精、早泄等疾病。对肾阳亏虚所致的性功能障碍、腰膝冷痛、听力减退、易出冷汗、疲乏无力、少气懒言等症状有一定疗效。

【膳食服法】餐时服用。

【医学分析】膳食中韭子辛温，归肝肾二经，功善温肾固精壮阳。粳米补中益气，以后天养先天。蛏子可补肾壮阳，适用于肾阳虚衰、精关失固、无力兴阳所致的无梦而遗、早泄、阳事不举或举而不坚、腰膝酸软、畏寒肢冷等症状。三味相配共奏补肾壮阳、固精止遗之效。服用本品对肾阳虚衰所致的遗精、早泄、阳痿及精冷不育等病症有一定疗效。

韭菜子配牛奶　温胃散寒，健脾暖阳

【食材介绍——牛奶】

牛奶，为牛科动物母牛的奶水。牛奶含有蛋白质、脂肪、碳水化合物、维生素A、硫胺素、核黄素、尼克酸、维生素C、维生素E、钙、磷、钠、镁、铁、锌、硒、等多种成分。中医认为，牛奶味甘，性平，归心、肺、胃经，具有镇静安神、补虚益精、补肺益胃的功效。现代医学研究表明，牛奶富含维生素A，可以润泽皮肤，防止皮肤干燥及暗沉；牛奶中含有促进皮肤新陈代谢的维生素B_2；牛奶中的乳清可防治色素沉着。牛奶中含有丰富的维生素D及钙、磷等多种物质，并且容易被人体吸收，可以有效防治骨质疏松，促进牙齿和骨骼生长发育。牛奶含有多种抗癌物质,可以防癌、抗癌。牛奶中含有大量优质蛋白,为人体生长发育提供了所需的蛋白质,常饮用牛奶有利于身体生长和发育。一般人均可饮用牛奶,尤其适宜于骨质疏松、营养不良、儿童、青少年等人群。过敏者、乳糖不耐受者禁食。

韭子牛奶粥

【食药材】韭菜子6克,韭菜30克,生姜20克,牛奶100毫升,粳米50克,糖等调味品适量。

【膳食制法】

1. 将韭菜除杂洗净并切碎,生姜洗净。韭菜子捣碎,纱布包好,加水,武火烧开,文火煎煮30分钟,去渣取汁,浓缩备用。
2. 将粳米熬煮成粥。
3. 再兑入牛奶及韭菜、药汁,煮沸出锅,即可食用。

【功效与主治】温胃散寒,健脾暖阳。适用于胃痛、痞满、便秘等疾病。对脾胃虚寒所致的胃脘疼痛、胀闷不舒、厌食呕吐、便秘乏力等症状有一定疗效。现代医学研究表明,本方对胃溃疡、慢性胃炎等疾病有一定防治作用。

【膳食服法】餐时服用。

韭菜子配核桃仁　温肾壮阳,益智补脑

核桃炒韭菜

【食药材】韭菜子粉5克,核桃仁50克,鲜韭菜150克,食盐、植物油等调味品适量。

【膳食制法】

1. 韭菜子捣碎,用纱布包好,加水,武火烧开,文火煎煮30分钟,去渣取汁,浓缩备用。
2. 鲜韭菜洗净,切成段备用。
3. 核桃仁先以植物油炸黄,后入鲜韭菜段及韭菜子汁翻炒,食盐调味,即

可食用。

【功效与主治】温肾助阳，益智补脑。适用于虚劳、阳痿、早泄等疾病。对肾阳亏虚所致的性功能减退、睡眠不佳、记忆力减退、智力减退、腰膝冷痛、大便溏薄、周身乏力等症状有一定疗效。

【膳食服法】餐时服用。

韭菜子配鲤鱼　温肾壮阳，培补元气

起阳鲤鱼

【食药材】韭菜子6克，鲤鱼500克，韭菜15克，姜、酱油、醋、糖、黄酒、植物油等调味品适量。

【膳食制法】

1. 鲤鱼杀好，洗净，切段，先以植物油煎焦黄，烹酱油等调味品适量，加糖、黄酒适量。

2. 韭菜子捣碎，用纱布包好，加水，武火烧开，文火煎煮30分钟，去渣取汁，浓缩备用。将汁倒入鱼中，同煮。

3. 收汁后，盛平盘上，上撒姜、韭菜碎末，浇醋等调味品适量，即可食用。

【功效与主治】温肾壮阳，培补元气。适用于咳嗽、喘证、虚劳等疾病。对肾气亏虚所致的体虚久咳、气喘上气、胸满不舒、腰膝酸软等症状，以及肾阳亏虚所致的腰膝酸冷、阳痿早泄、腰膝冷痛、倦怠乏力、少气懒言、下肢浮肿等症状有一定疗效。

【膳食服法】餐时服用。

韭菜子配海虾　温肾助阳，散寒暖宫

韭子海虾

【食药材】韭菜子6克，海虾250克，韭菜100克，酱油、黄酒、醋、姜丝、盐等调味品适量。

【膳食制法】

1. 将海虾洗净，韭菜洗净切段，备用。韭菜子捣碎，用纱布包好，加水，武火烧开，文火煎煮30分钟，去渣取汁，浓缩备用。

2. 素油煸炒海虾，烹入黄酒、醋、酱油、韭菜子，加入姜丝、韭菜段继续翻炒。

3. 放入盐等调味品适量，待虾熟，即可食用。

【功效与主治】温肾助阳，散寒暖宫。适用于阳痿、痛经等疾病。对肾阳亏虚所致的早泄、阳痿、女子不孕、经期少腹冷痛、平素畏寒肢冷、少气懒言等症状有一定疗效。

【膳食服法】餐时服用。

韭菜子配白蚬子　滋阴补肾，温补元阳

韭子煮白蚬子

【食药材】韭菜子6克，活白蚬子750克，韭菜100克，食盐、料酒、生姜等各种调味品适量。

【膳食制法】

1. 韭菜洗净，切成寸节。白蚬子洗净，去沙。韭菜子捣碎，纱布包好，加水，武火烧开，文火煎煮30分钟，去渣取汁，浓缩备用。

2. 将韭菜与白蚬子同入锅内，加韭菜子汁、料酒、生姜、食盐、适量清水。

3. 武火煮开，至白蚬子开口，即可食用。

【功效与主治】滋阴补肾，温补元阳。适用于消渴病、盗汗等疾病。对肾阴阳两虚所致的身体消瘦、腰膝酸软、畏寒肢冷、口渴喜温水、饮水增多、睡中汗出、疲乏无力、倦怠懒言等症状有一定疗效。

【膳食服法】餐时服用。

韭菜子配羊肉　温肾散寒，通络止痛

韭子温阳饺

【食药材】炒韭菜子10克，羊里脊肉200克，韭菜750克，金针菜30克，冬笋90克，黑木耳15克，酱油、食盐、香油、生姜末、黄酒等调味品适量，面粉适量。

【膳食制法】

1. 先将韭菜子捣碎，用纱布包好，加水，武火烧开，文火煎煮30分钟，去渣取汁，浓缩备用。羊肉切碎成肉末，放入大碗加韭菜子汁、食盐、酱油、姜末、黄酒，搅匀备用。

2. 木耳、金针菜温水发好，洗净，切末备用；冬笋切末备用；韭菜洗净，切末。

3. 以上各料共入大碗和匀并放入香油。

4. 面粉加水适量和面成面团，并制皮，包馅成水饺，煮熟，即可食用。

【功效与主治】温肾散寒，通络止痛。适用于阳痿、痹症、虚劳等疾病。对肾阳亏虚所致的阳痿早泄、腰膝冷痛、四肢关节冷痛、头晕头痛、疲乏无力、平素气短懒言、身体虚弱、抵抗力下降等症状有一定疗效。本品久服，可提高机体免疫力。

【膳食服法】餐时服用。

【附注】外感发热者不宜食用。

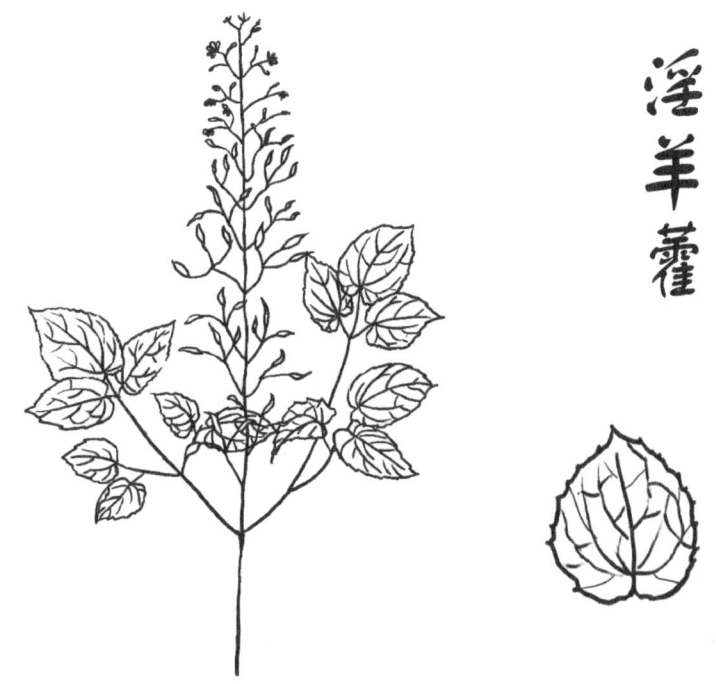

淫羊藿

【来源】箭叶淫羊藿、小檗科草本植物淫羊藿、柔毛淫羊藿等多种同属植物干燥的地上部分。

【性味归经】辛、甘，温。归肝、肾经。

【功效与主治】温肾壮阳，强筋壮骨，祛风除湿。适用于肾阳虚所致的阳痿、尿频、不孕、腰膝冷痛等症状，以及肝肾亏虚、外感风寒湿邪所致的风湿痹痛、肢体麻木拘挛、筋骨痿软、步履艰难、喘咳短气等症状。现代医学研究表明，淫羊藿有雄激素样作用，能提高机体免疫功能；能扩张外周血管，改善微循环，增加血流量，增加冠脉流量；有镇咳、抗缺氧、祛痰、镇静、抗惊厥作用，对脊髓灰质炎病毒及多种肠道病毒有抑制作用。

【药理成分】含有黄酮类、挥发油、生物碱、木脂素及微量元素锰、铜、锌、锡、钡等。

【附注】阴虚火旺、五心烦热、有梦遗精、性欲亢进者不宜单独食用。

淫羊藿配虾米 补肾壮阳，美容养颜

【食材介绍——虾米】

虾米，又名海米，是用鹰爪虾、羊毛虾和周氏新对虾等加工制成。虾米含有蛋白质、脂肪、虾青素、维生素A、维生素B、钠、钙、磷等多种成分。中医认为，虾米味甘、咸，性温，具有补肾壮阳、理气开胃的功效。现代医学研究表明，虾皮有镇静作用，可以防治神经衰弱；虾米有大量钙质，老人常食可预防骨质疏松，青少年常食用可有利于骨骼发育。虾米中的虾青素是极强的抗氧化剂，有抗衰老的作用。虾米中的成分还有降胆固醇、防动脉硬化的作用，有利于保护心血管。虾米营养丰富，所含蛋白质及多种维生素、矿物质易被人体消化吸收，适合常食以促进身体发育。此外，虾米还能通乳。一般人均可食用虾米，尤其适宜于老年人、孕妇、心血管病、腿软无力等人群。过敏者禁用。

淫羊虾米饮

【食药材】淫羊藿5克，虾米20克。

【膳食制法】

1. 将淫羊藿洗净，用纱布包好，加水适量，武火烧开，文火煎煮30分钟，去渣取汁，备用。

2. 将虾米放入药汁，煮15分钟，即可饮用。

【功效与主治】补肾壮阳，美容养颜。适用于阳痿、早泄、痹证等疾病。对肾阳亏虚所致的阳痿早泄、性功能减退、面色晦暗、腰膝冷痛、关节疼痛、疲乏无力、女性乳房下垂等症状有一定疗效。本方久服，对改善皮肤暗淡有一定作用。

【膳食服法】餐时服用。

【附注】阴虚火旺、五心烦热者不宜食用。

淫羊藿配鸭蛋　补肾固精，调和阴阳

【食材介绍——鸭蛋】

鸭蛋，为鸭科动物家鸭的卵。鸭蛋含有蛋白质、磷脂、维生素A、维生素B2、维生素B1、钙、铁、镁等多种成分。中医认为，鸭蛋味甘，性凉，归肺、大肠经，具有滋阴清肺、止泻的功效。现代医学研究表明，鸭蛋中的蛋白质含量和鸡蛋相当，但鸭蛋的矿物质总量远远高于鸡蛋，特别是铁和钙的含量更为丰富，能有效预防缺铁性贫血，促进牙齿和骨骼生长发育。鸭蛋富含维生素B2，可以促进人体生长发育，促使皮肤、指甲、毛发的生长，常食鸭蛋有利于保持皮肤、毛发健康及养颜美肤。鸭蛋腌制后，风味更加独特，有开胃消食的功效。一般人均可食用鸭蛋，尤其适宜于缺铁性贫血、营养不良、软骨病等人群。老年人和动脉硬化、血脂异常症者不宜单独食用。

补肾强阳糕

【食药材】淫羊藿10克，金樱子5克，菟丝子5克，制狗脊5克，旱莲草5克，酒制女贞5克，鸭蛋7个，苏打10克，老发面浆1000克，白糖500克。

【膳食制法】

1. 将淫羊藿、菟丝子、制狗脊、金樱子、女贞子、旱莲草去灰洗净，纱布包好，加水，武火烧开，文火煎煮30分钟，去渣取汁，备用。

2. 老发面入盆，加白糖搅合均匀。鸭蛋打开去壳入盆内，搅起泡，倒入发面盆内，加入中药汁，再用力搅匀，蒸时加入苏打，再搅拌均匀。

3. 将蒸笼内铺一张干净湿纱布，放入方形木架，将面浆糊倒入，厚3厘米，盖上笼盖，旺火开水蒸30分钟至熟，翻于案板上晾凉划成块，即可食用。

【功效与主治】补肾强身，涩精止遗。适用于阳痿、早泄、眩晕等疾病。对肾阳不足所致的腰膝酸软、头晕耳鸣、视物昏花、心慌气短、性生活障碍、倦怠乏力、少气懒言等症状有一定疗效。

【膳食服法】餐时服用。

【附注】阴虚火旺、五心烦热者慎食。

淫羊藿配白酒　温补肾阳，通络止痛

淫羊藿苁蓉酒

【食药材】淫羊藿10克，肉苁蓉6克，白酒1000克。

【膳食制法】

1. 将上述药洗净，晾干，用纱布包好，浸入酒中，封盖。
2. 置阴凉处，每日摇晃1次，7天后，即可饮用。

【功效与主治】温补肾阳，通络止痛。适用于阳痿、早泄、癃闭、腰痛、虚劳等疾病。对肾阳亏虚所致的畏寒肢冷、腰膝酸痛、性生活障碍、尿频不固、小便淋漓不净、宫寒不孕、周身乏力、少气懒言等症状有一定疗效。现代医学研究表明，本方对慢性前列腺炎、性机能减退、神经衰弱等病症有一定防治作用。

【膳食服法】餐时服用。

全鹿中药保健汤

【食药材】淫羊藿10克，鹿肺25克，鹿肚30克，鹿心25克，鹿蹄30克，鹿骨50克，鹿尾25克，鹿鞭10克，鹿茸3克，杜仲5克，牡丹皮10克，知母10克，炙黄芪5克，茯苓10克，山楂10克，生姜15克，白酒5毫升，清水4升。

【膳食制法】

1. 按照上述比例，将鹿茸、杜仲、淫羊藿、牡丹皮、知母、炙黄芪、茯苓清洗，晾干后磨成粗粉。
2. 中药粉与山楂、生姜一起用纱布包好，置于砂锅中，以冷水浸之，将白酒腌制过的鹿肺、鹿肚、鹿心、鹿蹄、鹿骨、鹿尾、鹿鞭加入，加热至水开后，文火煮4个小时，用纱布过滤，加入适量调味品，即可饮用。

【功效与主治】补阴补阳，补肾强体。适用于虚劳等疾病。对体虚久病、房劳过度所致的倦怠乏力、少气懒言、面色少华、寐差多梦、动后汗出、夜间汗出、腰酸腿软、性功能下降、食少纳差、畏寒肢冷、易感风邪、月经量少、色淡甚或闭经等症状有一定疗效。现代医学研究表明，本方对慢性消耗性疾病、免疫力低下、失眠、更年期综合征、月经过少、闭经等病症有一定防治作用。

【膳食服法】餐时饮用。

淫羊藿配羊肉 补肾壮阳，暖脾和中

二仙爆羊肉

【食药材】淫羊藿（仙灵脾）6克、仙茅3克，嫩瘦羊肉250克，葱50克，素油、芡粉、糖、酱油、醋、黄酒、盐等调味品适量。

【膳食制法】

1. 将淫羊藿、仙茅洗净，用纱布包好，加水，武火烧开，文火煎煮30分钟，去渣浓缩取汁。羊肉切丝，葱切丝，备用。

2. 将药液内放入羊肉丝、芡粉拌匀。

3. 油锅烧热后，放入拌好的羊肉丝煸炒，再下入葱丝、糖、酱油、醋、黄酒，羊肉熟透，加盐调味，即可食用。

【功效与主治】补肾壮阳，暖脾和中。适用于胃痛、虚劳、阳痿等疾病。对肾阳亏虚所致的性功能下降、腰膝酸软、疲乏无力、倦怠懒言、面色㿠白、听力减退等症状，以及脾胃阳虚所致的胃部冷痛、呕吐、泛吐清水、不欲饮食、食少纳呆等症状有一定疗效。

【膳食服法】餐时服用。

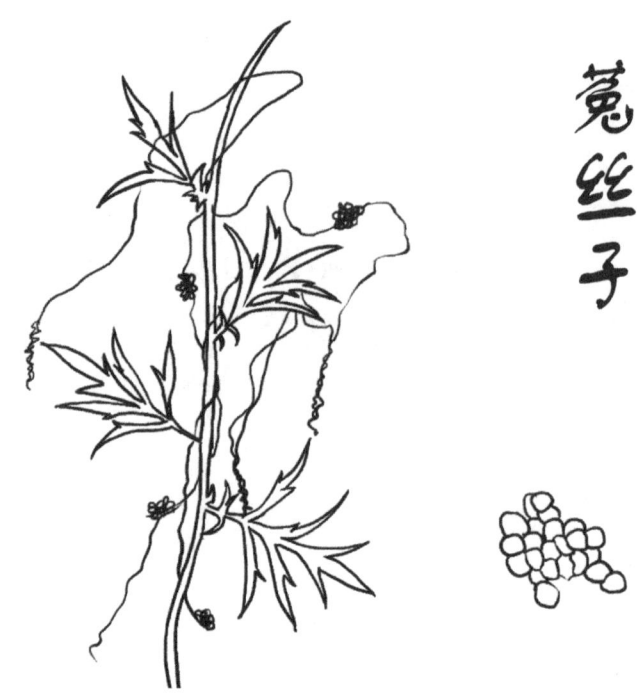

菟丝子

【来源】旋花科植物菟丝子或大菟丝子干燥的种子。

【性味归经】甘，温。归肝、肾、脾经。

【功效与主治】补肾益精，养肝明目，止泻安胎。适用于肾精亏虚所致的阳痿、遗精尿频、带下、腰痛和肝肾不足所致的视力减退、视物昏花、腰痛、眩晕耳鸣、胎动不安等症状，以及脾肾虚弱所致的便溏腹泻、食少纳呆、身体消瘦、面色萎黄等症状。

【药理成分】含有树脂苷、叶黄素、维生素、淀粉等。

【附注】肾阳盛多火、阴虚火旺、大便燥结及里热实证者不宜单独食用。

菟丝子配粳米　益肾健脾，养肝明目

菟丝子粳米粥

【食药材】菟丝子15克，粳米60克，白糖适量。

【膳食制法】

1. 将菟丝子洗净后捣碎，用纱布包好，加水，武火烧开，文火煎煮30分钟，去渣取汁。

2. 药汁入米煮粥，加水适量，粥将熟时加入白糖，煮至熟烂，即可食用。

【功效与主治】益肾健脾，养肝明目。适用于阳痿、遗精、早泄、不孕不育等疾病。对肾气亏虚所致的腰膝酸软、性生活障碍、生育能力减弱、尿频尿急、周身乏力、倦怠懒言和肝肾亏虚所致的头昏眼花、视物不清、腰膝酸软等症状，以及脾胃虚弱所致的久泻不止、妇女带下量多、不欲饮食等症状有一定疗效。

【膳食服法】餐时服用。

【附注】糖尿病者宜改白糖为适量盐。

【医学分析】膳食中菟丝子性平味甘，对肾精、肝血、脾气均有补益作用，且兼涩精缩尿、安胎明目之功，被本草列为上品。该药不热不燥，补而不腻，《本草正义》云其"善滋阴液而敷布阳和"，为平补阴阳的妙药，阴虚、阳虚皆可选用。本品补而兼涩，除广泛用于上述滑脱证外，其明目与延年之效亦颇明显，古今不少益寿、明目名方皆用为要药。《本草汇言》称本品为"补肾养肝、温脾助胃之药"。《本草新编》又称其为"正补心、肝、肾之圣药"。菟丝子同粳米煮粥，能补脾胃及充养先天，两味相配共奏益肾健脾、养肝明目之效。故服用本粥对肝肾脾胃虚弱所致的阳痿、遗精、早泄、不孕不育等病症有一定疗效。

菟丝子配白酒 补益肾阳，通阳止痛

菟丝子酒

【食药材】菟丝子20克，白酒500克。

【膳食制法】

1. 将菟丝子捣碎，纱布包好，浸泡于白酒中。
2. 密封，每日1摇，浸泡7日，即可饮用。

【功效与主治】补益肾阳，通阳止痛。适用于阳痿、早泄、腰痛、虚劳等疾病。对肾阳亏虚所致的畏寒肢冷、腰膝酸痛、尿频遗尿、遗精阳痿、倦怠乏力、少气懒言等症状有一定疗效。现代医学研究表明，本方对前列腺肥大、慢性前列腺炎、神经衰弱等疾病有一定防治作用。

【膳食服法】适量饮用。

菟丝子配花生仁 补肾固精，缩尿止遗

菟丝二仁糕

【食药材】菟丝子10克，五味子6克，茯苓6克，山药6克，净莲子肉6克，酥核桃仁250克，熟花生仁250克，白糖200克，熟猪油200克，调味品适量。

【膳食制法】

1. 将花生仁与酥核桃仁磨成细粉，备用。
2. 将菟丝子、山药、五味子、茯苓、莲子肉洗净，用纱布包好，武火烧开，文火煎煮30分钟，去渣取汁，备用。
3. 花生、核桃仁粉与白糖、中药汁、熟猪油揉成一体，放入模型内压制成

50克重的糕，蒸熟，即可食用。

【功效与主治】补肾固精，缩尿止遗。适用于阳痿、早泄、遗精等疾病。对肾虚不摄所致的遗精滑精、性功能减退、大便失禁、尿频尿急、夜尿增多、腰膝酸软、少气懒言等症状有一定疗效。

【膳食服法】餐时服用。

【附注】糖尿病者宜将白糖改为木糖醇。

菟丝子配狗肾　补肾壮阳，固精缩尿

【食材介绍——狗肾】

狗肾，又名狗鞭，为犬科动物雄性犬的外生殖器。狗肾含有睾丸酮、二氢丸酮、蛋白质、脂肪、磷、钾等多种成分。中医认为，狗肾味咸，性大热，归肾经，具有暖肾、壮阳、益精的功效。现代医学研究表明，狗肾具有兴奋男性性机能、增强性能力的功效，常食狗肾有助于防治阳痿、早泄。年老者常食狗肾能缓解耳鸣、腰酸足软、怕冷的症状。一般人均可食用狗肾，尤其适宜于男子不育、阳痿、遗精、耳鸣、腰腿酸软等人群。

菟丝核桃爆狗腰

【食药材】菟丝子10克，核桃仁10克，西芹100克，狗肾250克，料酒10克，油、姜、葱、盐等调味品适量。

【膳食制法】

1. 将菟丝子洗净，用纱布包好，加水，武火烧开，文火煎煮30分钟，去渣浓缩取汁，备用；西芹洗净，切3厘米长的薄片；姜切片，葱切段；核桃仁用素油炸香；狗肾洗净，切薄片。

2. 将炒锅置武火上烧热，加入植物油，烧至六成热时，下葱姜爆香，随即加入狗肾、料酒、核桃仁、西芹、菟丝子汁，炒至狗肾熟透。

3. 加入盐调味，即可食用。

【功效与主治】补肾壮阳，固精缩尿。适用腰痛、痴呆、虚劳等疾病。对气血两亏、肾精不足所致的腰膝酸软、记忆力减退、智力低下、面色无华、身体消瘦、倦怠懒言、疲乏无力等症状有一定疗效。

【膳食服法】餐时服用。

菟丝子配羊肾　温肾散寒，培补元阳

菟丝鹿茸炖羊肾

【食药材】菟丝子6克，小茴香3克，鹿茸3克，羊肾1对，葱、姜、盐等调味品适量。

【膳食制法】

1. 羊肾对剖开，去脂膜，洗净。将菟丝子、小茴香、鹿茸洗净，纱布包好。

2. 锅置火上，放入羊肾及中药包、姜、葱，加水适量，武火烧开后，改用文火炖熟，入盐、葱花调味，即可食用。

【功效与主治】温肾散寒，培补元阳。适用于阳痿、早泄、遗精、虚劳、癃闭等疾病。对肾阳虚损所致的身寒怕冷、腰膝酸痛、性功能减退、夜尿频数、小便不净、精神倦怠、少气懒言等症状有一定疗效。现代医学研究表明，此方对慢性前列腺炎、慢性肾炎、神经衰弱等病症有一定防治作用。

【膳食服法】餐时服用。

【附注】实热咽痛者慎用。

菟丝子配狗肉　补肾壮阳，散寒通络

回阳狗肉

【食药材】菟丝子10克，干姜5克，肉桂5克，狗肉250克，葱、姜、料酒、清汤、盐、胡椒粉等调味品适量。

【膳食制法】

1. 将狗肉洗净，整块放入开水锅内汆透，捞入凉水中洗净血沫，沥去水，切成4厘米方块。

2. 肉桂、干姜、菟丝子洗净，装入纱布袋。

3. 将狗肉与姜片放锅内煸炒，烹入料酒，再一起倒入砂锅内，加入药袋和葱、姜、盐、清汤适量，以武火烧沸，文火煨炖至烂熟，取出药袋，加胡椒粉调味即成。

【功效与主治】温补肾阳，散寒通络。适用于虚劳、痹症、腰痛等疾病。对肾阳不足所致的畏寒肢冷、腰膝酸痛、精神倦怠、关节疼痛、夜尿频数、性生活障碍、倦怠乏力、少气懒言等症状有一定疗效。现代医学研究表明，本方对慢性肾炎、神经衰弱、关节炎等病症有一定防治作用。

【膳食服法】餐时服用。

菟丝子配鸽子蛋　补肾壮阳，缩尿止遗

双子鹌鹑卵

【食药材】菟丝子5克，枸杞子5克，鸽子蛋6只，盐等调味品适量。

【膳食制法】

1. 将菟丝子、枸杞子装纱布袋。鸽子蛋煮熟，去皮。

2. 药袋入砂锅内加水煎30分钟，去渣取汁。

3. 用所取药汁，加入盐、鸽子蛋，煮15分钟，即可食用。

【功效与主治】补肾壮阳，缩尿止遗。适用于腰痛、阳痿、早泄等疾病。对肾阳亏虚所致的畏寒肢冷、腰膝酸痛、尿频尿急、性功能减退、精神不振、倦怠乏力等症状有一定疗效。现代医学研究表明，本方对慢性前列腺炎、神经衰弱等病症有一定防治作用。

【膳食服法】餐时服用。

菟丝子配鸡蛋　补益肝肾，填精益髓

菟丝子煎蛋

【食药材】菟丝子10克，鸡蛋1个，植物油、盐等调味品适量。

【膳食制法】

1. 将菟丝子洗净，用纱布包好，加水，武火烧开，文火煎煮30分钟，去渣取汁，备用。

2. 鸡蛋去壳，打入碗内，放入菟丝子汁、盐调匀。

3. 锅置火上，放入适量油，油七成热时倒入调匀的蛋糊。

4. 文火煎熟后，即可食用。

【功效与主治】补益肝肾，滋阴降火。适用于围绝经期综合征、阳痿、眩晕、耳鸣等疾病。对肝肾不足所致的头晕目眩、视物不清、听力减退、须发早白、腰膝酸软、潮热盗汗等症状有一定疗效。现代医学研究表明，本方对营养不良、贫血、夜盲症等病症有一定防治作用。

【膳食服法】餐时服用。

养元蛋汤

【食药材】菟丝子5克,小茴香3克,桑寄生3克,炙黄芪3克,鸡蛋2个,盐、葱花等调味品适量。

【膳食制法】

1. 将鸡蛋打入碗中,搅匀备用。

2. 小茴香、桑寄生、菟丝子、炙黄芪装入纱布袋,加水,武火烧开,文火煎煮30分钟,去渣取汁。

3. 药汁烧开,趁沸时冲调蛋花,加入食盐、葱花调味,即可食用。

【功效与主治】补益肝肾,填精益髓。适用于腰痛、遗精、早泄、虚劳等疾病。对肾精亏虚所致的记忆力减退、睡眠欠佳、腰膝冷痛、性功能减退、月经稀少、疲乏无力、面色无华等症状有一定疗效。

【膳食服法】餐时服用。

蛤蚧

【来源】壁虎科动物蛤蚧除去内脏的干燥体。

【性味归经】咸，平。归肺、肾经。

【功效与主治】补肺平喘，补血助阳。适用于阴虚火旺所致的咳嗽咯血、虚劳喘咳、动而加剧、面目或四肢浮肿等症状，以及肾虚阴衰、精血不足所致的阳痿精少、疲乏无力、腰膝酸冷、下肢水肿等症状。现代医学研究表明，蛤蚧对肺气肿、肺结核、肺心病等疾病有一定预防作用。

【药理成分】含蛋白质、脂肪、动物淀粉等。

【附注】实火之人不宜单独食用。

蛤蚧配粳米　补肺纳气，止咳平喘

参蛤粥

【食药材】人参3克，蛤蚧半对，糯米100克，葱花、盐等调味品适量。

【膳食制法】

1. 将蛤蚧、人参洗净，用纱布包好，加水，武火烧开，文火煎煮30分钟，去渣取汁，备用。

2. 糯米加药汁及适量水，煮成稀粥，加入葱花、盐等搅匀，即可食用。

【功效与主治】补肺纳气，止咳平喘。适用于咳嗽、喘证、肺胀等疾病。对肺肾两虚所导致的咳嗽气喘、张口抬肩、动则喘甚、面浮肢肿、疲乏无力、身体消瘦等症状有一定疗效。现代医学研究表明，对慢性支气管炎、肺气肿或肺心病等病症有一定防治作用。

【膳食服法】餐时服用。

蛤蚧配鸭肉　补肺益肾，止咳平喘

参蛤蒸鸭

【食药材】人参5克，蛤蚧半对，白鸭1只1500克，姜片10克，黄酒20克，鲜汤约1300克，食盐、葱节、姜片等调味品适量。

【膳食制法】

1. 将白鸭杀好、洗净，将鸭翅翻向背后盘起。

2. 将人参、蛤蚧洗净，用纱布包好，加入适量水，武火烧开，文火煎煮30分钟，去渣取汁。

3. 鸭子入蒸盆中，加入葱节、姜片、食盐、鲜汤、药汁、黄酒，封住盆口。

4. 上笼用旺火蒸3小时，骨松、翅裂为度，即可食用。

【功效与主治】补肺益肾、止咳平喘。适用于咳嗽、喘证等疾病。对肺肾两虚导致的咳嗽频作、张口抬肩、动则喘甚、呼多吸少、肢面浮肿、疲乏无力、身体消瘦等症状有一定疗效。

【膳食服法】餐时服用。

【附注】感冒及实热证者不宜食用。

杜仲

【来源】杜仲科木本植物杜仲的树皮。

【性味归经】甘，温。归肝、肾经。

【功效与主治】补益肝肾，强筋壮骨，固本安胎。适用于肝肾不足导致的腰膝酸痛、下肢痿软、阳痿尿频、肢面浮肿等症状，以及肝肾虚弱导致的妊娠下血、胎动不安、习惯性流产、月经稀少甚则停经等症状。现代医学研究表明，杜仲有镇静、镇痛和利尿作用，能增强肾上腺皮质功能，增强机体免疫功能，有较好的降压作用。

【药理成分】含有杜仲胶、黄酮类、杜仲苷、鞣质等。

【附注】阴虚火旺者不宜单独食用。

杜仲配白酒　补肾健脾，通经活络

杜仲枸杞酒

【食药材】杜仲6克，枸杞子6克，白酒250克。

【膳食制法】

1. 将上述药材洗净，晾干，用纱布包好，浸于酒中。
2. 每日摇晃1次，密封浸泡7日，即可饮用。

【功效与主治】补肾健脾，通经活络。适用于痹症、虚劳、腰痛、月经先后不定期等疾病。对脾肾阳虚所致的月经来先后不定、量少色淡清稀、面色晦暗、头晕耳鸣、腰膝冷痛、夜则尿多、大便稀溏、关节疼痛、疲乏无力等症状有一定疗效。

【膳食服法】适量饮用。

杜仲配银耳　补益肝肾，润肺止咳

杜仲银耳羹

【食药材】杜仲6克，干银耳5克，冰糖适量。

【膳食制法】

1. 将杜仲洗净，用纱布包好，加水适量，武火烧开，文火煎熬30分钟，去渣取汁，备用。
2. 银耳温水浸泡，去蒂及杂质，洗净，撕碎，备用。
3. 将药汁与银耳混合，加入适量水，武火烧开，文火煮至银耳熟烂。
4. 加入冰糖，待融化搅拌均匀，即可食用。

【功效与主治】补益肝肾，润肺止咳。适用于眩晕、腰痛、咳嗽、虚劳等疾病。对肝肾不足所致的头晕耳鸣、腰部酸痛、周身乏力、耳轮焦枯等症状，以及肺燥阴虚所致的干咳少痰、痰中带血、身体消瘦等症状有一定疗效。现代医学研究表明，本方对高血压、动脉粥样硬化等病症有一定防治作用。

【膳食服法】餐时服用。

【医学分析】膳食中杜仲性味甘温，专补肝肾。银耳性味甘淡，为滋阴润燥之佳品。二药与生津润肺、补中益气之冰糖熬制为羹，共奏补益肝肾、润肺止咳之效。服用本品对肝肾不足所致的肝肾两虚型高血压、动脉硬化等疾病有一定疗效。医学研究证明，炙杜仲有明显利尿降压功效，同时杜仲有收缩冠状动脉作用，故对高血压合并冠心病者慎用。

杜仲灵芝银耳羹

【食药材】杜仲6克，灵芝3克，银耳5克，冰糖适量。

【膳食制法】

1. 将银耳用温水泡发，除去蒂头，洗净，撕开，加水适量煮沸10分钟。

2. 将杜仲、灵芝洗净，纱布包好，加水，武火烧开，文火煎煮30分钟，去渣取汁，备用。

3. 银耳并入药汁，加适量水，武火烧开，文火熬至银耳酥烂。

4. 加入适量冰糖，融化搅匀，即可食用。

【功效与主治】补肾填精，润肺止咳。适用于眩晕、腰痛、咳嗽、虚劳等疾病。对肝肾不足所致的头晕耳鸣、腰部酸痛、周身乏力、耳轮焦枯、易于感冒等症状，以及肺燥阴虚所致的干咳少痰、痰中带血、身体消瘦等症状有一定疗效。现代医学研究表明，本方对高血压、动脉粥样硬化、免疫力低下等病症有一定防治作用。

【膳食服法】餐时服用。

杜仲配核桃仁 补益肝肾，益智健脑

杜仲核桃爆兔肉

【食药材】杜仲6克，核桃仁30克，兔肉300克，莴笋100克，植物油适量，料酒、姜、葱、盐等调味品适量。

【膳食制法】

1. 将核桃仁用植物油炸香，兔肉洗净切薄片，莴笋去皮切薄片，姜切片，葱切段。

2. 将杜仲洗净，用纱布包好，加水武火烧开，文火煎煮30分钟，去渣取汁，备用。

3. 将炒锅置武火上烧热，加入油，烧至六成热时，下葱、姜爆香，加入兔肉、料酒、药汁，炒变色后再加入莴笋、核桃仁、盐炒熟，即可食用。

【功效与主治】补益肝肾，益智健脑。适用于腰痛、痴呆、虚劳、围绝经期综合征等疾病。对肾精不足所致的智力减退、腰膝酸痛、周身乏力、倦怠懒言、睡眠不佳、月经稀少等症状有一定疗效。

【膳食服法】餐时服用。

杜仲配牛鞭 培补元阳，强筋壮骨

【食材介绍——牛鞭】

牛鞭，为牛科动物雄牛的外生殖器。牛鞭含有雄激素、蛋白质、脂肪、钠、钙、磷、镁等多种成分。中医认为，牛鞭味咸，性温，归肾经，具有温肾壮阳、益精补虚的功效。现代医学研究表明，牛鞭具有改善性生活质量的作用，常食牛鞭能防治性功能障碍及男性不育等疾病。牛鞭还有温补功效，是年

老者的良好选择。一般人均可食用牛鞭,尤其适宜于不育、性功能障碍、老年人等人群。

杜仲巴戟牛鞭汤

【食药材】杜仲6克,巴戟天3克,牛鞭1条,生姜5克,葱段10克,香菜3克,盐等调味品适量。

【膳食制法】

1. 将牛鞭余掉膻味,洗净,切块备用。
2. 将杜仲、巴戟天洗净,纱布包好,煎煮30分钟,去渣取汁,备用。香菜洗净,切断,备用。
3. 将牛鞭、药汁、适量水放入锅内,加入生姜、葱段。武火烧开,文火煮2小时,放入盐等调味品,加入葱花、香菜,即可食用。

【功效与主治】培补元阳,强筋壮骨。适用于腰痛、痿症、虚劳、阳痿等疾病。对肾阳不足所致的腰酸冷痛、性功能减退、腿软无力、肌肉萎缩、周身乏力、少气懒言、月经稀少等症状有一定疗效。现代医学研究表明,本方对骨质疏松等病症有一定防治作用。

【膳食服法】餐时服用。

杜仲配羊肾 补肾壮阳,乌须黑发

杜仲五味羊肾汤

【食药材】杜仲6克,五味子3克,羊肾2枚,盐、葱花、胡椒粉等调味品适量。

【膳食制法】

1. 将羊肾洗净,切开,去白脂膜,切碎;杜仲、五味子洗净,纱布包好,武火烧开,文火煎30分钟,去渣取汁,备用。
2. 将羊肾、药汁同放入砂锅内,加水适量。
3. 炖至熟透后,加入盐、葱花、胡椒粉等调味,即可食用。

【功效与主治】温阳固精，强筋健骨。适用于腰痛、遗精、阳痿等疾病。对肾阳不足所致的腰膝冷痛、性功能减退、周身乏力、畏寒肢冷、少气懒言、须发早白等症状有一定疗效。

【膳食服法】餐时服用。

【医学分析】膳食中杜仲性味甘温，功效为补肝肾、止痛。肝健则筋强，肾健则骨强，其为肝肾不足、腰膝酸痛、筋骨无力的要药。又肝肾足胎元自固，故又有安胎之功，对胎动而兼腰酸无力者尤为多用。本品尚可温补肾阳，故又常用于肾阳不足之阳痿、遗精诸症。现代医学研究表明，杜仲能增强机体的非特异性免疫功能，对细胞免疫具有双向调节作用，并有降血压及镇痛、镇静等作用。其降压作用温和，能改善高血压患者头昏、烦燥、头痛、失眠等自觉症状。羊肾温阳补精，五味子益肾气、涩肾精，用以增强杜仲温肾补精收涩之力，共收温补固摄之效。肝主筋，肾主骨，肝肾虚寒，筋骨无以温养，故腰脊冷痛、足膝无力；肾阳不振，封藏失职，故阳痿遗精；冲任不足，故胎动不安。治宜补肝肾，温阳固精。三味相配共奏温阳固精、强筋健骨之效。故服用本汤对肾阳不足所致的腰痛、遗精、阳痿、胎动不安等病症有一定疗效。

杜仲羊肾汤

【食药材】杜仲6克，枸杞子20克，核桃仁10克，生地3克，羊肾2个，生姜1片，葱花、盐等调味品适量。

【膳食制法】

1. 将枸杞子、生地、杜仲、核桃仁洗净，纱布包好，加水，武火烧开，文火煎煮30分钟，去渣取汁，备用。

2. 羊肾洗净，切开，去白脂膜，切薄片，下油锅用姜片略炒。

3. 锅内加入药汁，加清水适量，武火煮沸后，文火煲汤1小时，加入盐及葱花调味，即可食用。

【功效与主治】补肾益精，乌须黑发。适用阳痿、早泄、围绝经期综合征等疾病。对肾精亏虚所致的精液稀薄、须发早白、周身乏力、性功能减退、烘热汗出、夜间多梦等症状有一定疗效。

【膳食服法】餐时服用。

杜仲配猪肾 补肾壮阳，缩精止遗

杜仲爆腰花

【食药材】杜仲6克，猪肾250克，葱50克，黄酒、酱油、醋、豆粉、大蒜、食盐、生姜、白糖、花椒、油等调味品适量。

【膳食制法】

1. 将猪肾一剖两片，去臊腺筋膜，洗净，切成腰花。

2. 杜仲洗净，用纱布包好，加水煎煮，武火烧开，文火煎30分钟，去渣取汁，备用。

3. 姜切碎末，葱切段，蒜切片。

4. 用杜仲汁药汁，加入黄酒、豆粉各15克和食盐调拌腰花。

5. 白糖、醋、酱油、豆粉兑成料汁，备用。

6. 锅内倒入油烧至八成热，放入花椒，然后投入腰花、姜末、葱段、蒜片，快速炒散，倒入料汁，翻炒均匀，即可食用。

【功效与主治】补肾壮阳，缩精止遗。适用于腰痛、眩晕、阳痿等疾病。对肾阳亏虚所致的步履不坚、性功能减退、夜尿频数、腰膝酸痛、头晕不适、倦怠无力等症状有一定疗效。

【膳食服法】餐时服用。

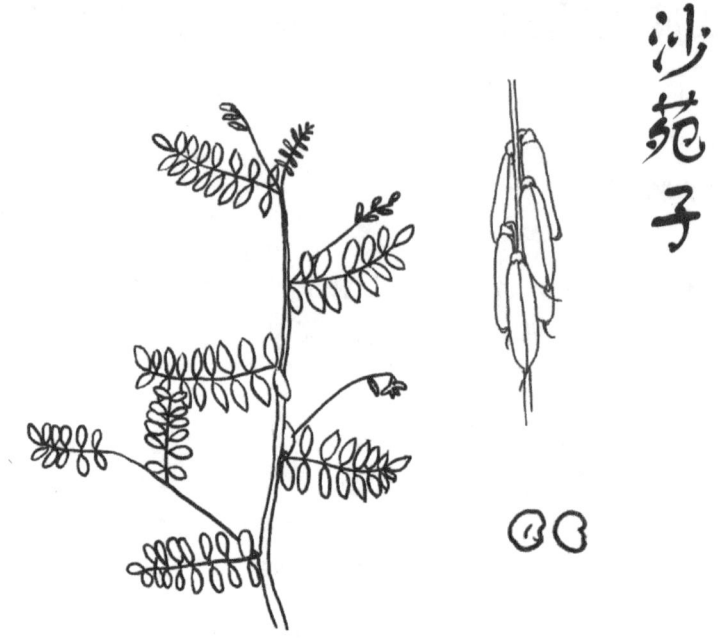

沙苑子

【来源】豆科草本植物扁茎黄芪的成熟种子。

【性味归经】甘，温。归肝、肾经。

【功效与主治】补肾固精，养肝明目。适用于肾阳虚衰所致的阳萎、遗精早泄、尿频、白带过多、腰膝酸软、腰痛等症状，以及肝肾不足所致的目昏目暗、视力减退、头晕耳鸣、肌肉萎缩等症状。现代医学研究表明，沙苑子能保护肝糖元积累，有调节血脂、降酶作用；能减慢心率，降低血压，增加脑血流量；能改善血液流变学指标，抑制血小板凝聚；能增强机体免疫力，提高机体特异性和非特异性免疫功能；能抗疲劳、抗炎症，有耐寒、镇痛、镇静、解热等作用。

【药理成分】含有黄酮类、生物碱、酚类、三萜类成分、鞣质、多肽、蛋白质、氨基酸、多种微量元素等。

【附注】阴虚火旺、小便不利者不宜单独食用。

沙苑子配驴肉　安神益智，缩精止遗

【食材介绍——驴肉】

驴肉，为马科动物驴的肉。驴肉比牛肉、猪肉口感好，且营养价值更高，有"天上龙肉，地上驴肉"之称。驴肉含有亚油酸、亚麻酸、蛋白质、胆固醇、维生素A、核黄素、尼克酸、钙、磷、钾、硒等多种成分。中医认为，驴肉味甘、酸，性平，归心、肝经，具有补血益气的功效。现代医学研究表明，驴肉具有高蛋白、低脂肪、高氨基酸、低胆固醇的特点，并且其中氨基酸组成全面，含有人体所必需的8种氨基酸和10种非必需氨基酸。同时驴肉含有亚油酸和亚麻酸，可以清除附着于血管壁上的脂肪，又能降低血黏度，对动脉硬化、高血压等心脑血管病有预防作用。但要注意的是孕妇和慢性肠炎、腹泻患者忌食。驴肉不仅含有优质蛋白，还含有大量动物胶、骨胶原和钙等营养成分，能为儿童、老年人、体弱者提供充足营养。一般人均可食用驴肉，尤其适宜于儿童、老年人、久病体虚、动脉硬化、冠心病等人群。孕妇和慢性肠炎、腹泻者不宜单独食用。

沙苑龙眼炖驴肉

【食药材】沙苑子10克，龙眼肉10克，胡萝卜100克，驴肉250克，料酒10克，姜、盐、葱等调味品适量。

【膳食制法】

1. 将龙眼肉洗净；沙苑洗净，煎煮30分钟，去渣取汁，待用；胡萝卜去皮，切3厘米见方的块；驴肉洗净，切肉块；姜拍松，葱切段。

2. 将龙眼肉、沙苑汁、驴肉、胡萝卜、料酒、姜、葱同放使锅内，加水适量，置武火烧沸，再用文火炖至肉熟，加入盐搅匀，即可食用。

【功效与主治】安神益智，缩精止遗。适用于痴呆、围绝经期综合征、虚劳等疾病。对肾虚失固所致的心烦不寐、智力低下、烘热汗出、心烦易怒、周身乏力、倦怠懒言、记忆力减退、面色无华等症状有一定疗效。

【膳食服法】餐时服用。

沙苑子配甲鱼　补肾益精，滋阴清热

二子甲鱼汤

【食药材】沙苑子15克，菟丝子6克，甲鱼肉1000克，盐、菜油、生姜等调味品适量。

【膳食制法】

1. 将沙苑子、菟丝子洗干净，滤干，装入纱布袋内。
2. 将甲鱼肉洗净，切成大块。
3. 把菜油放进锅里，用旺火烧热，入生姜片，倒进甲鱼肉块，翻炒5分钟后，加入凉水少量，再焖炒5分钟，盛入砂锅里。
4. 放进药袋，加适量凉水，用旺火煮沸后，改用文火慢炖60分钟，加入适量盐，再炖半小时，取出药袋，即可食用。

【功效与主治】补肾益精，滋阴清热。适用于腰痛、虚劳等疾病。对肾精亏虚所致的男子精少、性欲减退、睡眠不佳、夜中多梦、腰膝酸痛、少气懒言、周身乏力、月经量少等症状有一定疗效。

【膳食服法】餐时服用。

沙苑子配粳米　补益肝肾，健脾益气

沙苑粳米粥

【食药材】沙苑子10克，粳米100克，冰糖50克。

【膳食制法】

1. 把沙苑子洗净，用纱布包好，武火烧开，文火煎煮30分钟，去渣取汁，备用。粳米洗净。

2. 砂锅内注入清水及药汁，放入粳米。

3. 至米烂汤稠，表面浮有粥油时，加冰糖再煮5分钟，搅拌均匀，即可食用。

【功效与主治】补益肝肾，健脾益气。适用于腰痛、泄泻、虚劳等疾病。对肝肾不足所致的腰膝酸软、少气懒言、形体消瘦、肌肉萎缩、腹痛腹泻、大便溏薄、头晕耳鸣、耳轮焦枯等症状有一定疗效。

【膳食服法】餐时服用。

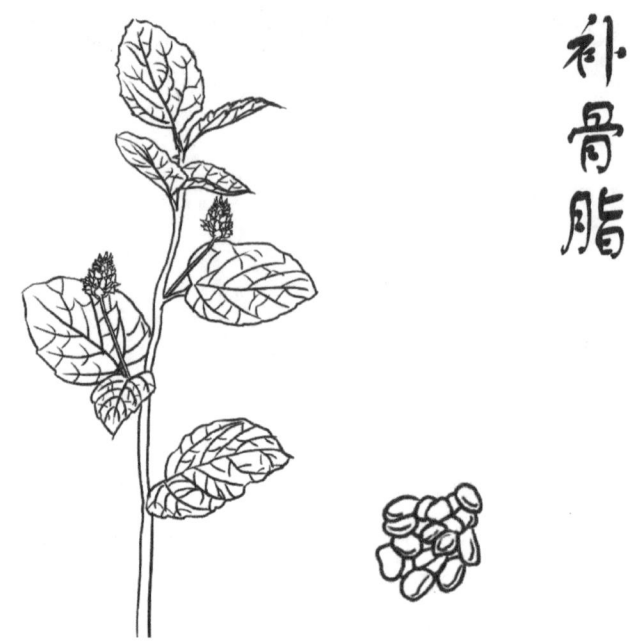

补骨脂

【来源】豆科植物补骨脂的干燥种子。

【性味归经】辛、苦，温。归肾、脾经。

【功效与主治】补肾助阳，温中止泻。适用于脾肾阳虚所致的阳痿、早泄滑精、腰膝冷痛、小便频数、五更泄泻、食少纳呆、面色无华等症状。

【药理成分】含有黄酮类、香豆素类、单萜酚类以及大量挥发油等。

【附注】阴虚火旺者不宜单独食用。

补骨脂配核桃仁 补肾助阳，美容养颜

脂桃粥

【食药材】补骨脂10克，核桃仁6克，粳米50克，白糖适量。

【膳食制法】

1. 先将补骨脂洗净，用纱布包好，武火烧开，文火煎煮30分钟，去渣取汁。
2. 然后放入核桃仁、粳米同煮，至粥熟。
3. 加入适量白糖调味，即可食用。

【功效与主治】补肾助阳，美容养颜。适用于虚劳、痿症、阳痿、早泄等疾病。对肾阳亏虚所致的头发早白、未老先衰、性功能减退、身体虚弱、智力减低、睡眠不良、夜间多梦等症状有一定疗效。本方久服对美容养颜有一定作用。

【膳食服法】餐时服用。

【附注】五心烦热者忌食。糖尿病患者宜去糖服用。

健腰油炸糕

【食药材】补骨脂20克，杜仲10克，核挑肉400克，黑芝麻500克，大蒜150克，发面250克，烫面2000克，白糖500克，苏打25克，熟猪油250克，菜油2500克。

【膳食制法】

1. 将杜仲、补骨脂去净灰渣，煎煮30分钟，去渣取汁。大蒜捣成蒜蓉。核桃肉、黑芝麻烘干制成末。
2. 烫面用手推开，加入发面、苏打、熟猪油揉匀，搓成长圆条，扯成大小合适面团。
3. 中药汁与核桃肉末、白糖、芝麻面、大蒜茸调制成馅。

4. 将面团按成直径7厘米的圆皮，包入糖馅封口，按成圆饼。将锅放置中火上，下菜油烧至六成热，将圆饼逐个入油锅，大约炸10分钟，皮酥硬、色黄时捞起，沥干余油，即可食用。

【功效与主治】补益肝肾，强膝健骨。适用于腰痛、眩晕、痿症、痹症等疾病。对肝肾不足所致的腰膝酸软、头晕耳鸣、周身乏力、少气懒言、小便不畅、肌肉萎缩、关节疼痛、活动不利等症状有一定疗效。

【膳食服法】餐时服用。

补骨脂核桃膏

【食药材】补骨脂50克，核桃仁50克，蜂蜜100克，白酒适量。

【膳食制法】

1. 将核桃肉捣为泥状；补骨脂酒拌，用纱布包好，煎煮30分钟，去渣取汁，备用。

2. 蜂蜜熔化至沸，加入胡桃泥、补骨脂药汁，搅匀，收汁，即可食用。

【功效与主治】温肾纳气，定喘止咳。适用于阳痿、喘证、痿症等疾病。对肾阳不足所致的性功能减退、腰膝冷痛、呼多吸少、张口抬肩、不能平卧、动则加剧、肌肉萎缩、活动不利、周身乏力、少气懒言等症状有一定疗效。

【膳食服法】随时服用。

【附注】咳嗽痰多、发热心烦者不宜食用。

【医学分析】膳食中补骨脂补肾壮阳，为肾虚阳痿、腰痛的常用药。其性大温，能散阴寒，其味辛而兼涩，亦可纳气定喘、涩精缩尿，故肾阳不足、阴寒内盛、下元不固之证尤为多用。核桃仁性味甘温，功能补肾助阳、温肺定喘，为肾虚腰痛、肺肾虚喘所常用，但作用缓和，多为辅助品。方中核桃仁与补骨脂同用，其意义有三：首先，在温肾助阳方面相通为用；其次，对于肺肾虚喘，核桃仁兼可温肺敛肺，肺肾同治；最后，核桃仁为滋润之品，可以制约补骨脂辛燥之性。故前人认为核桃仁"佐补骨脂有木火相生之妙"，还谓"补骨脂无胡桃，犹水母之无虾也"。配伍蜂蜜，一则益气补虚、润肺止咳，增强全方滋补及止咳之力；二则矫味、赋形，使主药甘甜可口，易于服用。三味相配共奏温肾纳气、定喘止咳之效。故服用本品对肾气虚衰所致的阳痿、喘证、痿症等病症有一定疗效。

补骨脂配猪肾　温补肾阳，纳气平喘

软炸猪肾

【食药材】补骨脂粉10克，鲜猪肾300克，核桃仁50克，鸡蛋清3个，麻油15克，姜15克，菜油500克，黄酒15克，干淀粉50克，葱、胡椒面、椒盐、食盐、醋等调味品适量。

【膳食制法】

1. 将核桃仁入开水中浸泡后去皮，晾干，入油锅内炸成金黄色，凉后剁成细末。

2. 猪肾对削，片去腰臊，片成整形薄片，盛入碗中，加食盐、黄酒、胡椒面、姜、葱节拌匀。

3. 将鸡蛋清放入碗内，加干淀粉调合均匀；核桃仁与补骨脂粉拌匀。取腰片一块，放上桃仁补骨脂粉卷拢，随即蘸裹蛋清淀粉，逐个制完为止。

4. 炒锅置中火上，下菜油烧至五成热时，逐个下入油锅内炸成金黄色捞起，盛入盘内，撒上椒盐，配上姜醋汁，即可食用。

【功效与主治】补肾壮阳，纳气平喘。适用于喘证、痿症、虚劳等疾病。对肺肾不足、肾阳亏虚所致的呼多吸少、动则喘甚、腰膝酸软、筋骨疼痛、肌肉萎缩、周身乏力、面色暗淡等症状有一定疗效。

【膳食服法】餐时服用。

巴戟天

【来源】茜草科植物巴戟天的干燥根。

【性味归经】辛、甘,微温。归肝、肾经。

【功效与主治】补肾助阳,强筋壮骨,祛风除湿。适用于肾虚所致的阳痿早泄、不孕、头晕耳鸣、周身乏力等症状,以及外感风寒湿所致的风湿痹痛、腰膝酸软、步履艰难、肌肉萎缩等症状。

【药理成分】含有糖类、黄酮类、蒽醌、维生素C等。

【附注】阴虚火旺、湿热内盛者不宜单独食用。

巴戟天配白酒 温肾壮阳，祛风除湿

巴戟牛膝酒

【食药材】巴戟天15克，怀牛膝10克，白酒1500克。

【膳食制法】

1. 将巴戟天、怀牛膝洗净，沥干，用纱布包好。
2. 纱布包放入白酒之中，每日摇晃2次，密封7日后，即可饮用。

【功效与主治】温肾壮阳，祛风除湿。适用于痿症、痹症、腰痛等疾病。对肾阳亏虚、外感风寒湿所致的性功能减退、腰膝冷痛、筋骨痿弱、关节疼痛、周身乏力、少气懒言等症状有一定疗效。

【膳食服法】适量饮用。

【附注】五心烦热者不宜饮用。

【医学分析】巴戟天性味辛甘微温，功能补肾阳、强筋骨、祛风湿，其性温煦而不燥烈，为温肾壮阳、祛风除湿药中较为驯良之品，故肾虚阳痿、滑精早泄、宫冷不孕、腰膝无力及痹证兼肾虚者均较常用。配以牛膝，意在增强补肝肾、强筋骨、除痹痛之力。制为酒剂，一则便于食用，二则温行药势，以提高疗效。三味相配共奏温肾壮阳、祛风除湿之效。适量服用本品对痿症、痹症、腰痛等病症有一定疗效。

巴戟天配米酒　补益肾阳，柔肝健脾

巴戟二子酒

【食药材】巴戟天15克，菟丝子3克，覆盆子3克，米酒500克。

【膳食制法】

1. 将巴戟天、菟丝子、覆盆子纱布包好，用米酒浸泡。
2. 每日摇晃1次，密封7日，即可饮用。

【功效与主治】补益肾阳，柔肝健脾。适用于痹症、痿症、虚劳等疾病。对肝肾不足、脾虚不固所致的性功能减退、小便频数、带下量多、其质清稀、周身乏力、关节疼痛、肌肉萎缩、面色晦暗等症状有一定疗效。

【膳食服法】适量饮用。

巴戟天配鹿鞭　补肾壮阳，益智健脑

【食材介绍——鹿鞭】

鹿鞭，又名鹿肾、鹿冲，为鹿科动物梅花鹿或马鹿雄性的外生殖器。鹿鞭含有脂肪、蛋白质、睾丸酮、二氢丸酮、雌二醇、维生素A、钙、磷、铁等多种成分。中医认为，鹿鞭味甘、咸，性温，归肝、肾、膀胱经，具有补肾、壮阳、益精的功效。现代医学研究表明，食用鹿鞭，可以兴奋男性性机能，增强性能力，有助于防治阳痿、早泄。食用鹿鞭还有助于哺乳期妇女下奶和防治不孕。鹿鞭中营养丰富，是滋补珍品，能有效补充身体营养，提升生活质量。一般人均可食用，尤其适宜于阳痿、早泄、不孕、产后缺乳、耳鸣、夜尿频多及年老体虚等人群。阳气盛者或体内有热者不宜单独食用。

红烧鹿鞭

【食药材】巴戟10克，熟地5克，党参3克，枸杞5克，当归5克，菟丝子5克，远志3克，鹿鞭2对，玉兰片50克，黄酒40克，熟猪油150克，花椒、食盐、酱油、姜、葱节、蒜、淀粉等调味品适量。

【膳食制法】

1. 将党参、巴戟、枸杞、熟地、菟丝、远志、当归洗净，用纱布包好，武火烧开，文火煎煮30分钟，去渣取汁。将鹿鞭洗净，入温热水中泡胀，剖开洗净杂质。

2. 将鹿鞭入开水中煮10分钟，切成长4厘米的条。玉兰片切成片。

3. 炒锅洗净，置旺火上，下猪油烧至六成热，放入花椒炸出香味，拣出花椒，加葱节、鹿鞭条，烹入黄酒，加鲜汤、酱油、药汁、葱、蒜、姜、盐。

4. 改用中火烧煮30分钟后，移至文火上烧至鹿鞭条柔软，下湿淀粉勾芡，即可食用。

【功效与主治】补肾壮阳，益智健脑。适用于阳痿、早泄、痴呆等疾病。对肾阳亏虚所致的性功能减退、头晕耳鸣、腰膝酸痛、倦怠乏力、少气懒言、记忆力差、睡眠不佳、智力减退等症状有一定疗效。

【膳食服法】餐时服用。

【附注】烦躁易怒、口干咽痛者不宜食用。

巴戟天配海虾　温肾壮阳，填精益髓

健脑海虾

【食药材】巴戟天10克，远志3克，海虾300克，料酒10克，姜5克，葱10克，盐、植物油等调味品适量。

【膳食制法】

1. 将远志、巴戟天洗净，用纱布包好，武火烧开，文火煎煮30分钟，去渣取汁，备用。

2. 海虾去头、尾，洗净；姜切片，葱切段。

3. 将炒锅烧热，加入油，烧至六成热时，下姜、葱爆香，随即放入大虾、料酒、药液炒熟，加入食盐调味，即可食用。

【功效与主治】温肾壮阳，填精益髓。适用于腰痛、痴呆、阳痿等疾病。对肾精不足所致的记忆力衰退、智力低下、腰膝酸痛、肌肉萎缩、周身乏力、动后汗出、性功能减退等症状有一定疗效。

【膳食服法】餐时服用。

巴戟天配狗肉　温肾助阳，培补元气

巴戟狗肉

【食药材】巴戟天10克，枸杞子5克，带皮狗肉750克，香菜10克，黄酒30克，白糖10克，胡椒粉3克，花椒5克，鸡汤1小碗，姜、葱、食盐、淀粉、香油等调味品适量。

【膳食制法】

1. 先将巴戟用武火煮开，文火煎煮30分钟，去渣取汁，备用。

2. 将狗肉皮面用无烟炭火烤焦，呈老红色为度，放温水中浸泡，然后用刀轻轻刮去污物，再放水中煮透捞出。

3. 在煮透的狗肉里面行交叉花刀，皮朝下放入盆内，加入白糖、黄酒、花椒、巴戟药汁、鲜姜、葱段、食盐和鸡汤，上屉蒸熟烂取出，拣去葱、姜、花椒，把汤汁倒入炒勺内，去掉汤上浮油。

4. 加入胡椒粉，再把狗肉皮朝下推入勺内，用淀粉勾芡，淋入香油，即可出勺。将枸杞、香菜（切断）洗净，放在狗肉周围，即可食用。

【功效与主治】温肾助阳，培补元气。适合于腰痛、痹症、痿症等疾病。对肾阳不足所致的风湿骨痛、肌肉萎缩、步行艰难、睡眠欠佳、记忆力减退、性生活减退、女子宫冷不孕、小便频数、少腹冷痛等症状有一定疗效。

【膳食服法】餐时服用。

【附注】烦躁易怒、口干咽痛者不宜食用。

鹿茸

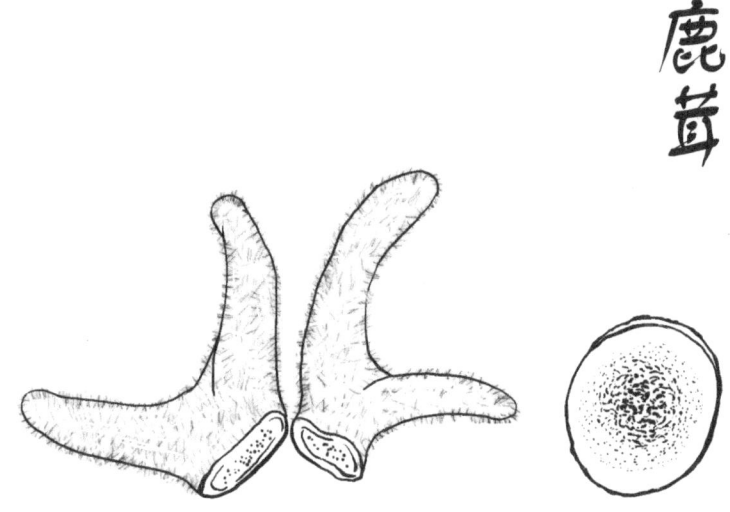

【来源】鹿科动物梅花鹿、马鹿等雄鹿密生茸毛尚未骨化的干燥幼角。

【性味归经】甘、咸，温。归肝、肾经。

【功效与主治】补肾壮阳，补气养血，填精益髓，强筋壮骨。主治虚劳、阳痿、带下、腰痛等疾病。适用于阳虚精亏所致的虚劳羸瘦、精神倦怠、腰膝酸痛、眩晕耳聋、阳痿滑精、子宫虚冷、崩漏下血、带下等症状。现代医学研究表明，鹿茸具有提高工作能力、减轻疲劳、促进食欲、改善睡眠、改善营养不良、促进病后康复及加速创伤、溃疡、骨折愈合等作用，并能改善性机能、提高生育能力。

【药理成分】鹿茸中含有脑素、氨基酸、雌酮、脂肪酸、酸性多糖、鹿茸多胺、溶血性磷脂、前列腺素、胆碱、雄激素、雌激素，以及磷酸钙、碳酸钙等。

【附注】鹿茸性味力强，服用时宜从小量开始，缓缓增量，不可一次骤用大量，以免阳升风动、头晕目赤或助火动血而致鼻衄出血。阴虚阳亢者不宜单独食用。

鹿茸配猪蹄　补肾壮阳，填精益髓

鹿茸干姜猪蹄汤

【食药材】鹿茸5克，干姜5克，猪蹄2只，盐等调味品适量。

【膳食制法】

1. 将鹿茸研细粉，干姜洗净切片，用纱布袋包好。
2. 锅中放入猪蹄和药包，武火烧开，文火慢炖2小时，加入食盐调味，拣去药包，即可食用。

【功效与主治】补肾壮阳，填精益髓。适用于阳痿、崩漏、带下等疾病。对肾阳不足所致的畏寒身冷、腰膝酸痛、不育不孕、性功能减退、精神疲乏、月经淋漓不净、带下量多、质清色白、腰膝酸冷、周身乏力等症状有一定疗效。

【膳食服法】餐时服用。

鹿茸配白酒　补气健脾，温肾助阳

鹿茸山药酒

【食药材】鹿茸片5克，山药30克，白酒500毫升。

【膳食制法】

1. 将鹿茸片、山药用纱布袋包好。
2. 将药包和酒放入杯中密封好，每日摇晃1次，7日后即可饮用。

【功效与主治】补气健脾，温肾助阳。适用于腰痛、阳痿等疾病。对命门火衰所致的阳事不举、精薄清冷、阴囊阴茎冰凉冷缩或局部冷湿、腰酸膝软、

头晕耳鸣、畏寒肢冷、精神萎靡等症状有一定疗效。

【膳食服法】适量饮用。

鹿茸配鸡肉　补益五脏，益气养血

珍珠鹿茸

【食药材】鹿茸2克，鸡肉100克，肥猪肉50克，油菜100克，熟火腿15克，鸡蛋清50克，黄酒10克，鸡汤500克，食盐、香油等调味品适量。

【膳食制法】

1. 将鹿茸洗净研细粉，火腿切片；油菜洗净切成小片，用开水烫开，放凉水过凉，备用。

2. 把鸡肉和肥猪肉一起用刀砸成细泥，加蛋清、食盐、黄酒、少量鸡汤搅匀，最后和鹿茸粉搅匀拌馅。

3. 勺内放入鸡汤，烧开锅时用手把搅拌好的肉馅揉成小团，徐徐下入汤内，再放入火腿肉、油菜片、食盐、黄酒，汤开时撇去浮沫，放入几滴香油，即可食用。

【功效与主治】补益五脏，益气养血。适合于虚劳、腰痛等疾病。对脏腑功能衰退所致的身体消瘦、倦怠无力、腰膝酸软、动后汗出、面色萎黄、少气懒言等症状有一定疗效。本方久服，可益寿延年。

【膳食服法】餐时服用。

鹿茸配驼肉　补气养血，培补元阳

参茸驼肉

【食药材】鹿茸片3克，党参10克，驼肉1000克，猪肉250克，鸡肉250克，植物油50毫升，鸡汤1000毫升，葱、姜、食盐、香菜、蜂蜜、酱油、料酒等调味品适量。

【膳食制法】

1. 将净驼肉放入盆内，加入鸡汤和洗净的葱切段、生姜切片。

2. 上笼蒸30分钟，取出后将蜂蜜抹在驼肉上。在八成熟的热油内炸成金黄色捞出并切片，整齐地码在碗内。

3. 将党参用水泡软，切成细丝，同鹿茸片一起放在驼肉上。

4. 把猪肉和鸡肉切成块，放入葱、姜，煸炒2分钟，加入酱油、料酒、食盐、鸡汤，烧开倒在驼肉碗内，上笼蒸烂取出，拣去葱、生姜。

5. 将驼肉和原汁倒入手勺内，用文火煨5分钟，淋上明油翻出手勺，倒在盘中，放上香菜，即可食用。

【功效与主治】补气养血，培补元阳。适用于虚劳、月经不调、腰痛等疾病。对气血不足所致的面色苍白、唇爪淡白、头晕乏力、眼花心慌、夜眠不佳、大便溏薄、月经延后、量少色淡等症状，以及肾阳亏虚所致的腰膝酸软、畏寒肢冷、面白或黑、神疲乏力、夜尿频多等症状有一定疗效。

【膳食服法】餐时服用。

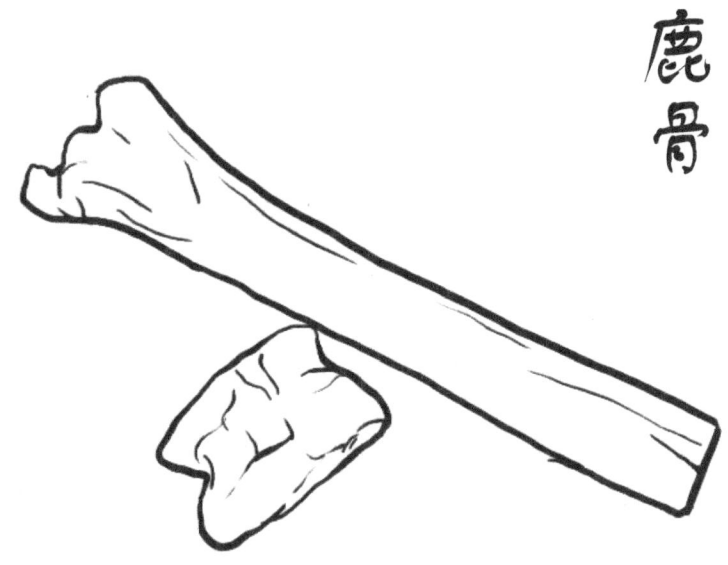

鹿骨

【来源】梅花鹿或马鹿的骨骼。

【性味归经】甘,温。归肝、肾经。

【功效与主治】补益虚羸,强筋壮骨,祛风除湿,助阳止泻,生肌敛疮。主治痿证、痹证、泄泻、痢疾等疾病。适用于肾虚脾弱所致的肢体痿软无力、腰膝酸软、不能久立甚至步履全废、腿胫大肉渐脱、眩晕耳鸣、舌咽干燥、遗精或遗尿、妇女月经不调等症状,以及脾虚湿浸所致的大便次数明显增多或下痢赤白脓血、伴有不消化食物、面色萎黄、神疲倦怠等症状。

【药理成分】含有蛋白质、骨胶原、磷蛋白、磷脂质、软骨素、维生素等。

【附注】九月以后、正月以前食用为培补元阳较佳时期。

鹿骨配土豆　滋阴补血，益肾健脾

鹿骨桑椹汤

【食药材】鹿骨50克，桑椹30克，土豆500克，胡椒、生姜、食盐等调味品适量。

【膳食制法】

1. 将鹿骨洗净剁块，氽烫去血水后洗净；桑椹洗净，生姜洗净切片，土豆切块。
2. 清水入锅煮沸，放入鹿骨、桑椹、胡椒和生姜片。
3. 武火煮沸，转文火煲半小时，加入土豆，炖至熟烂，放入适量胡椒、食盐等调味品，即可食用。

【功效与主治】滋阴补血，益肾健脾。适用于痿证、虚劳等疾病。对肾阳亏虚所致的四肢痿弱无力、腰脊酸软、头晕耳鸣、遗精早泄、月经量少等症状，以及久病体虚所致的体倦乏力、纳差食少、心慌气短、记忆力减退、面色萎黄等症状有一定疗效。

【膳食服法】餐时服用。

鹿骨配白酒　益肾强骨，祛风通络

鹿骨强身酒

【食药材】鹿骨100克，杜仲5克，川续断5克，白酒1000毫升。

【膳食制法】

1. 将鹿骨打碎与杜仲、川续断用纱布袋包好，同放置于1000毫升酒中。
2. 密封后，每日摇晃1次，15日后即可饮用。

【功效与主治】补益肝肾，活血化瘀。适用于痹症、腰痛等疾病。对瘀血阻络所致的肢体关节疼痛、屈伸不利、关节肿大、僵硬变形甚则肌肉萎缩、筋脉拘急等症状，以及肝肾虚所致的腰膝酸软、性功能减退、听力下降等症状有一定疗效。

【膳食服法】适量饮用。

鹿骨酒

【食药材】鹿胫骨100克，白酒适量。

【膳食制法】

1. 将鹿骨打碎用纱布袋包好，放置于白酒中。
2. 密封后，每日摇晃1次，15日后即可饮用。

【功效与主治】益肾强骨，祛风通络。适宜于痹症、腰痛等疾病。对肾气不足所致的四肢乏力、关节酸沉、绵绵而痛、拘急麻木、汗出畏寒、形体虚弱、腰膝酸软、听力减退等症状有一定疗效。

【膳食服法】适量饮用。

鹿骨配玉米　温阳补肾，健脾补虚

鹿骨玉米羹

【食药材】鹿骨100克，肉苁蓉20克，防风5克，橘皮5克，白芍5克，党参5克，当归4克，丹皮3克，嫩玉米粒250克，盐、葱等调味品适量。

【膳食制法】

1. 将鹿骨洗净打碎，放入适量的清水锅中，武火烧开，文火煎煮1.5小时。
2. 将诸药洗净并用纱布袋包好，放入鹿骨汤中，文火煎30分钟，去渣取汁。
3. 玉米粒放入药汁煎煮30分钟，加入盐、葱花调味，即可食用。

【功效与主治】温阳补肾，健脾补虚。适用于腰痛、腹痛等疾病。对肾阳不足所致的神疲乏力、精神不振、精子活力低下、易于疲劳、畏寒怕冷、四肢发凉、腰膝酸软等症状，以及脾胃虚弱所致的时有腹泻、腹部冷痛、四肢逆冷、喜温喜按等症状有一定疗效。

【膳食服法】餐时服用。

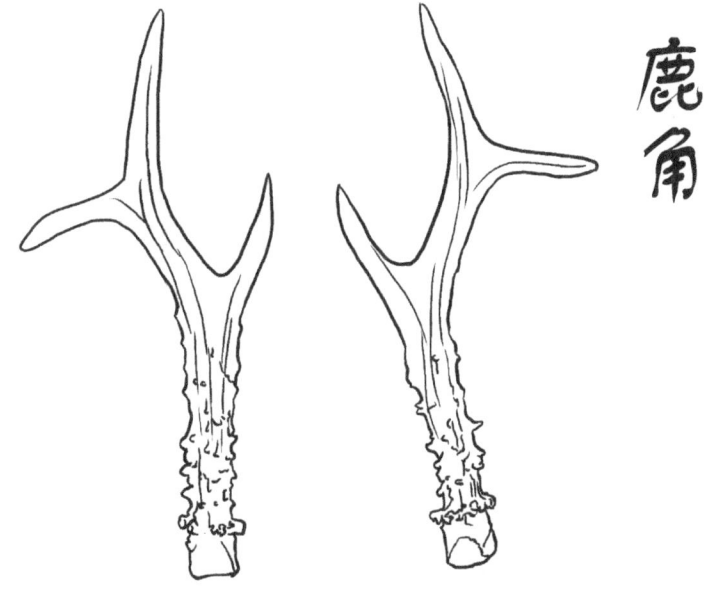

【来源】梅花鹿、马鹿其雄鹿头上已骨化的老角。

【性味归经】甘、咸,温。归肝、肾经。

【功效与主治】补肾助阳,收湿敛疮。主治阳痿、腰痛、带下、痈肿等疾病。适用于脾肾阳虚所致的形寒肢冷、面色㿠白、腰膝酸软、腹中冷痛、小便不利、阳痿早泄、神疲易倦,或见小便频数、余沥不尽、夜尿频多、带下清稀量多等症状。此外,本品还对正虚不能托毒所致的疮疡久溃不敛有一定疗效。

【药理成分】含有胶质、磷酸钙、碳酸钙及氮物质等。

鹿角粉配粳米　补肾益精，益气养血

鹿角粥

【食药材】鹿角粉5克，粳米30克，食盐、葱等调味品适量。

【膳食制法】

1. 将鹿角洗净并研成粉末备用。
2. 将粳米入锅，武火煮粥至水开，米汤数沸后调入鹿角粉，至粥熟。
3. 加葱花、盐等调味品适量，再煮二至三沸，即可食用。

【功效与主治】补肾益精，益气养血。适用于腰痛、阳痿等疾病。对肾阳不足、精血亏虚所致的畏寒身冷、腰膝酸痛、性能力减退、精神疲乏、畏寒肢冷等症状有一定疗效。本方对防治疮疡久溃不敛等病症有一定作用。

【膳食服法】餐时服用。

【医学分析】膳食中鹿角粉，为鹿科动物梅花鹿或乌鹿已骨化之老角经加工而成，功能补肾阳、益精血、强筋骨、调冲任、固带脉，其补火助阳而不燥烈，补益精血而不滋腻，故为阳衰精亏诸证所常用。该品虽功力不及鹿茸，然作用较温和，极少动火升阳之弊且药源较广、价格便宜、经济实惠，仍不失为慢性虚损者长期服食的佳品。前人认为鹿角生用则长于活血消肿，熟用则长于益肾强精，粳米护胃安中并可健脾胃，两者同煮为粥可补肾益精、益气养血。元阳虚衰、精血不足，阳虚不能温煦形体、振奋精神，则形寒肢冷、神疲倦怠；阳衰精亏，无以生体养骨，不能促进生长发育和生殖，则腰酸骨弱或男子阳痿、女子宫寒，小儿发育迟缓；肾气不充、封藏失职，则遗精、滑精、尿频、遗尿；冲任不固、带脉不摄，则崩漏带下不止。施以温肾阳、益精血之法，则上述诸证可除。故食用本粥对治阳虚精亏所致的腰痛、阳痿等病症有一定疗效。

【附注】发热者不宜食用。

鹿角当归粳米粥

【食药材】鹿角5克,当归5克,生姜6克,粳米60克,盐等调味品适量。

【膳食制法】

1. 将当归、鹿角洗净打细粉。
2. 将粳米入锅,武火煮粥至水开,米汤数沸后调入鹿角、当归粉,至粥熟。
3. 加生姜、盐等调味品适量,再煮二至三沸,即可食用。

【功效与主治】补益精血,固冲止血。适用于崩漏、虚劳等疾病。对肾阳不足所致的经血非时而下、出血量多或淋漓不尽、色淡质稀、腰痛如折、畏寒肢冷等症状,以及精血亏虚所致的腰背酸痛、性生活减退、下利清谷、五更腹泻等症状有一定疗效。

【膳食服法】餐时服用。

鹿角配鸡肉　补益肝肾,强筋壮骨

鹿角杜仲煲仔鸡

【食药材】鹿角5克,杜仲3克,小茴香3克,八角茴香5克,童子鸡500克,黄酒20克,葱、姜、蒜、盐等调味品适量。

【膳食制法】

1. 将鹿角洗净并打碎,杜仲、小茴香、八角茴香洗净,用纱布袋一起包好。
2. 将鸡肉过水焯掉血沫后,倒入黄酒,加入药袋、生姜,用文火炖至肉熟。
3. 加入葱、蒜、盐等调味,即可食用。

【功效与主治】补益肝肾,强筋壮骨。适用于腰疼、痿证等疾病。对肾气不足所致的腰部酸软、喜按喜揉、腿膝无力、少腹拘急、手足不温、少气乏力等症状,以及肾阳虚衰所致的四肢痿弱无力、不能久立、畏寒肢冷、小便清长等症状有一定疗效。

【膳食服法】餐时服用。

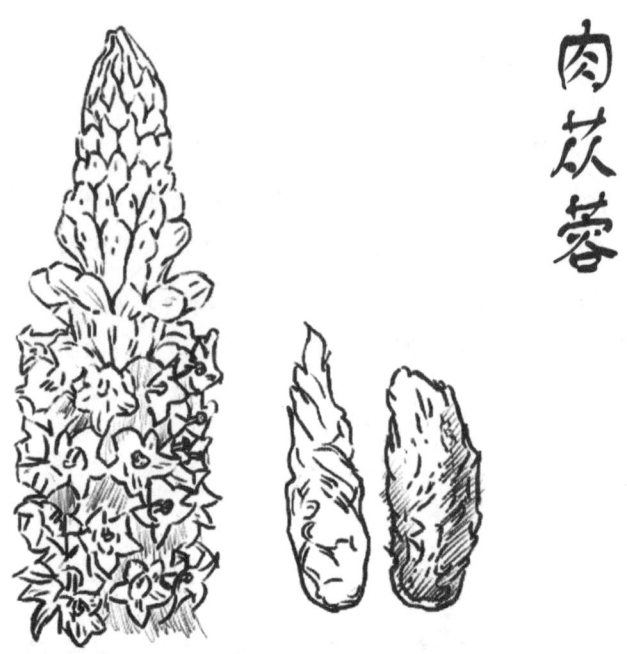

肉苁蓉

【来源】肉苁蓉为兰科植物肉苁蓉或苁蓉、迷肉苁蓉的肉质茎。

【性味归经】甘、咸，温。归肾、大肠经。

【功效与主治】补肾益精，润肠通便。适用于肾阳亏虚所致的阳痿无力、遗精早泄、女子不孕等症状，以及肝肾不足所致的筋骨痿弱、腰膝冷痛、肠燥便秘等症状。现代医学研究表明，肉苁蓉有降低血压、抗动脉粥样硬化的作用，还可抗衰老、抑制大肠对水分的吸收。

【药理成分】含有生物碱、皂苷等。

【附注】阴虚火旺、阳热亢盛、外感热病者不宜单独食用。

肉苁蓉配羊肾　补肾填精，温补阳气

白羊肾羹

【食药材】肉苁蓉20克，草果3克，荜茇6克，橘皮3克，白羊肾2枚，羊脂50克，食盐、生姜、葱等调味品适量。

【膳食制法】

1. 将肉苁蓉、白羊肾、羊脂洗净，放入砂锅内。
2. 将余下各药用纱布包扎，放砂锅中，加水适量。
3. 文火炖至羊肾熟透，待汤浓稠时，加入食盐、生姜、葱，即可食用。

【功效与主治】补肾益精，温中止痛。适用于胃痛、哮喘（缓解期）、痰饮、虚劳、腹痛、腰痛等疾病。对脾肾阳气亏虚所致的周身困倦、消瘦、胃部怕凉、腹部肠鸣、平素有哮喘、抵抗力减弱、不欲饮食伴见腰膝无力、畏寒肢冷等症状有一定疗效。

【膳食服法】餐时服用。

【医学分析】膳食中肉苁蓉性味甘温，功能补肾阳、益精血，《玉楸药解》云其可"暖腰膝，健骨肉"，为治疗"男子绝阳不兴，女子绝阴不产"的要药。凡药之能温肾兴阳者多辛温性燥，善滋补精血者多滋腻呆滞，而本品既壮阳又益阴，《本草纲目》云其可"温而不热，补而不峻，暖而不燥，滑而不泄，故有从容之名"，故古今补阳剂中经常选用。前人还谓本品"久服则肥健而轻身"。又因本品为肉质植物，柔嫩甘美，炖肉服食，则功力和滋味均佳。羊肾、羊脂同用，其温补下元之力更强。方中集荜茇、胡椒、草果、橘皮等温中行气、开胃止痛之药于一身，故对脾肾两虚者亦颇有效。此外，本组药物均为芳香之品，还可以降低或消除羊脂、羊肾之膻气，发挥调味的作用。六味相配共奏补肾益精、温中止痛之效。故使用本品对肾阳不足、精血亏虚或脾肾虚寒所致的胃痛、哮病、痰饮、虚劳、腹痛等疾病有一定疗效。现代医学研究表明，其能纠正内分泌功能紊乱，提高或调节免疫功能，故可抗老延年。

【附注】五心烦热者及发热者不宜食用。

苁蓉炖羊肾

【食药材】肉苁蓉20克,羊肾1对,生姜5克,葱5克,胡椒、食盐等调味品适量。

【膳食制法】

1. 将肉苁蓉洗净,羊肾去膜洗净、切片,两者一起放入砂锅。
2. 加水适量,武火烧开,文火炖熟。
3. 放入洗净切好的姜、葱及胡椒、食盐调味,即可食用。

【功效与主治】补肾填精,温补阳气。适用于耳聋、耳鸣、自汗、虚劳、阳痿、腰痛、痰饮等疾病。对肾阳不足、髓海空虚所致的脊背发凉、听力障碍、动后汗出、勃起功能障碍、腰膝酸软、身体瘦弱、肠鸣腹泻、咳嗽痰多、周身乏力、少气懒言等症状有一定疗效。

【膳食服法】餐时服用。

【医学分析】膳食中肉苁蓉补肾阳、益精血、润肠通便,羊肾以肾补肾、温肾壮阳、益髓海、补虚劳,两者相配共奏补肾壮阳、益精填髓、聪耳明目之效。故本品对肾阴阳俱虚所致的耳聋、耳鸣、自汗、虚劳、阳痿、腰痛、痰饮等病症有一定疗效。

杞蓉羊肾汤

【食药材】肉苁蓉20克,枸杞10克,羊肾1对,生姜5克,葱5克,盐等调味品适量。

【膳食制法】

1. 取羊肾去膜洗净,切片;肉苁蓉、枸杞洗净,装入纱布袋,备用。
2. 上三样一起加水适量,武火烧开,文火煮至羊肾熟。
3. 放入洗净切好的姜、葱及食盐调味,即可食用。

【功效与主治】补肾益精,养肝明目。适用于不孕不育、腰痛、痿证、虚劳等疾病。对肾精不足、肝肾亏虚所致的精子活动度减弱、女子不孕、腰膝酸软、周身无力、肢体萎弱、少气懒言等症状有一定作用。

【膳食服法】餐时服用。

肉苁蓉配羊尾骨　补肾壮阳，强壮腰膝

苁蓉壮督汤

【食药材】肉苁蓉30克，菟丝子15克，羊尾1条，葱、姜、盐等调味品适量。

【膳食制法】

1. 将羊尾剁成小块，肉苁蓉洗净，备用。
2. 将菟丝子、肉苁蓉用纱布包好，备用。
3. 加水适量，放入羊尾、药包、葱、姜，炖至肉熟。
4. 加入盐、葱花调味，即可食用。

【功效与主治】补肾壮阳，强壮腰膝。适用于阳痿、早泄、腰痛、胃痛、头痛、眩晕等疾病。对肾阳不足、督脉失养所致的头痛头晕、如坐船、大便干结、胃部怕凉、阳痿不起、性功能减退、身体消瘦、腰膝无力、畏寒肢冷、手足不温、喜温喜按等症状有一定疗效。

【膳食服法】餐时服用。

【医学分析】膳食中羊尾骨性味甘温，功能温肾补虚、强健筋骨，长于治疗肾阳虚冷、腰膝酸软、体衰羸瘦等症，为古今"以骨补骨"的良药。故元代《饮膳正要》云："（羊）尾骨，益肾明目，补下焦冷。"《本草纲目》说："脊骨，补肾明目，补下焦虚冷。"《本草纲目》里又说："脊骨，补肾虚，通督脉，治腰痛、下痢；胫骨，主脾弱、肾虚不能摄精。"菟丝子性味甘平，功能补肾益阴、固精、明目、止泻，既补肝肾又明目固精，既补肾阳又益肾阴，既补脾又止泻，并兼可安胎。其性平质润，不热不燥，亦不滋腻，为滋补肝肾的良药，广泛用于肾虚阳痿、腰痛、不育不孕、眼目昏花及胎动、胎漏、崩漏、久泻等病证，尤以肝肾不足而兼精气不固者更为多用。全方羊尾骨、菟丝子、苁蓉同用，既温阳又益精，既补肾又收涩，三味相配共奏补肾助阳、强壮督脉之效。服用本品对肾阳不足、督脉失养所致阳痿、早泄、腰痛、便秘、胃痛、头痛、眩晕等病症有一定疗效。现代医学研究表明，羊骨中除含有骨胶原、骨类粘蛋白、磷脂、中性脂肪等外，还有丰富的无机盐如磷酸钙、碳酸钙、磷酸镁，并有微量的氟、铁、铝、钾等，故历代多以之入药。现代羊骨制剂用于血小板减少性紫癜和再生障碍性贫血，亦有效果。以上均说明"肾主骨""骨生体""以骨补骨"等理论和经验，有一定的科学道理。

【附注】五心烦热者不宜食用。

肉苁蓉配羊肉　补肾壮阳，润肠通便

肉苁蓉羊肉粥

【食药材】肉苁蓉30克，精羊肉100克，粳米100克，盐、葱花等调味品适量。

【膳食制法】

1. 将肉苁蓉洗净，用纱布包好，加水入锅，武火烧开，文火煎30分钟，去袋取汁。

2. 羊肉切片加水适量，煮烂，入粳米、药汁，煮至粥熟，加入盐、葱花调味，即可食用。

【功效与主治】补肾壮阳，温阳通便。适用于虚劳、喘证、便秘、胸痹（冠心病稳定期）等疾病。对肾阳不足所致的周身乏力、易于感冒、胸闷不适、大便干结、喜温喜热、畏寒肢冷、腰腹冷痛等症状有一定疗效。

【膳食服法】餐时服用。

【医学分析】膳食中肉苁蓉性温，归肾和大肠经，功专补肾壮阳。羊肉性味甘温，善助元阳、补精血、益虚劳。粳米补中益气而安中。三味相配有补阳不燥、益精而不腻的优点，共奏补肾壮阳、温阳通便之效。服用本品对阳气素虚所致的虚劳、喘证、便秘、胸痹等病症有一定疗效。

肉苁蓉配鹿肉 补肾益精，温补气血

苁蓉煨鹿肉

【食药材】鲜肉苁蓉30克，鹿肉1000克，鸡骨架1具，黄酒20克，葱结20克，姜块15克，菌汤1500克，花椒、白糖、食盐、胡椒粉等调味品适量。

【膳食制法】

1. 将鹿肉洗净，切成长6厘米、宽5厘米的块。肉苁蓉洗净，切成片装入纱布包好。姜、葱洗净。

2. 砂锅置武火上，加入菌汤，放入鹿肉、鸡骨，烧开去血泡，加姜、葱、花椒、药包、白糖、黄酒，改用文火炖30分钟。

3. 拣去药包、姜、葱、花椒，加食盐、胡椒粉调味，即可食用。

【功效与主治】补肾益精，温补气血。适用于阳痿、遗精、不孕不育、腰痛、痹证等疾病。对肾阳虚衰所致的性功能障碍、腰膝酸冷、周身乏力、少气懒言、筋骨痿弱、畏寒肢冷、易于感冒、免疫功能减低等症状有一定疗效。

【膳食服法】餐时服用。

【附注】发热者不宜食用。

肉苁蓉配羊骨 温肾补虚，强筋健骨

苁蓉羊骨汤

【食药材】鲜肉苁蓉30克，草果3克，荜茇6克，羊脊骨500克，盐、葱、姜、胡椒粉等调味品适量。

【膳食制法】
1. 将羊脊骨剁成块，洗净；苁蓉洗净，切片。
2. 草果和荜茇洗净，用纱布包好，将药包、羊脊骨、苁蓉与适量水一同入锅，文火熬至骨散肉烂。
3. 除去药包，酌加姜、葱、盐、胡椒粉调味，即可食用。

【功效与主治】温肾补虚，强筋健骨。适用于阳痿、痔证、胃痛等疾病。对脾肾阳虚所致的小腹冷痛、后背发凉、腰膝酸软、倦怠无力、胃气不舒、喜温喜按、性生活障碍等症状有一定疗效。

【膳食服法】餐时服用。

【附注】阴虚有火、五心烦热者慎用。

肉苁蓉配芋头 补肾壮阳，健脾通便

肉苁蓉芋头汤

【食药材】肉苁蓉30克，小芋头350克，白萝卜50克，干豆豉100克，豆腐400克，葱花、食盐、胡椒粉、小鱼干等调味品适量。

【膳食制法】
1. 将肉苁蓉纱布包好，加水武火烧开，文火煎30分钟，去布袋取汁。药汁内加入少量小鱼干，煮汤备用。

2. 将豆豉压碎，萝卜切成丝，芋头洗净，小鱼干切成细丝，备用。

3. 将肉苁蓉汤放入铝锅，将压碎的豆豉放入汤内，盖锅用武火煮沸。

4. 将切好的萝卜、小鱼干及芋头放入，再沸时将豆腐切成小块放入，食盐调味。

5. 待煮至豆腐上浮，加葱花、胡椒粉等调味，即可食用。

【功效与主治】补肾壮阳，健脾通便。适用于阳痿、便秘、腰痛等疾病。对脾肾亏虚所致的性功能减退、腰膝酸软、记忆力减退、周身乏力、大便干结等症状有一定疗效。本方久服，可增强脏腑功能，提高机体免疫力。

【膳食服法】餐时服用。

肉苁蓉配胡萝卜　补肾温阳，健脾理气

肉苁蓉胡萝卜汤

【食药材】肉苁蓉30克，胡萝卜100克，豆腐少许，葱、海米、盐、胡椒粉等调味品适量。

【膳食制法】

1. 将胡萝卜洗净切成丝；豆腐切块水焯；肉苁蓉洗净，加水武火烧开，文火煎30分钟，去渣取汁，备用。

2. 锅内加水适量，倒入肉苁蓉汁，烧开后放入胡萝卜丝、豆腐块、海米等。

3. 煮至豆腐浮上汤面时，加入葱花、胡椒粉、盐调味，即可食用。

【功效与主治】补肾温阳，健脾理气。适用于阳痿、便秘、胃痛、痞满等疾病。对肾气不足所致的大便干结、食欲不佳、腹部胀满、阳痿早泄、男女性功能减退、倦怠乏力、胃部冷痛、记忆力下降等症状有一定疗效。

【膳食服法】餐时服用。

肉苁蓉配三文鱼　滋补肾阴，培补肾阳

苁蓉三文鱼汤

【食药材】鲜肉苁蓉30克，鲜三文鱼肉400克，白菜、粉丝、胡萝卜、豆腐、葱花少许，盐等调味品适量。

【膳食制法】
1. 取鲜三文鱼肉，切成薄片。
2. 肉苁蓉切成小薄片备用。
3. 锅内加水，各放入酱油、料酒、食盐适量，将肉苁蓉片、白菜、胡萝卜、豆腐等一同放入煮熟，加入粉丝烧开后，放入鱼片，待水开再加入胡椒粉，撒少许葱花调味，即可食用。

【功效与主治】滋补肾阴，培补肾阳。适用于虚劳、咳嗽、阳痿等疾病。对肾精不足、脾气亏虚所致的免疫力低下、易于感冒、周身乏力、少气懒言、阳痿不育、性功能减退等症状有一定疗效。本方久服，有一定增强机体免疫力作用。

【膳食服法】餐时服用。

肉苁蓉配牛肉 健脾益气，补肾壮阳

苁蓉牛肉

【食药材】肉苁蓉30克，山楂10克，牛肉500克，干辣椒3克，花椒3克，花生油、麻油、酱油、白糖、食盐、黄酒、大蒜、生姜、葱、辣椒粉等调味品适量。

【膳食制法】

1. 将肉苁蓉加水适量，武火烧开，文火煎煮30分钟，去渣取汁备用；将牛肉切丁，大蒜去皮拍松，干辣椒煎成小方丁，生姜切片，葱切末，山楂去核。

2. 锅内放花生油，烧至油八成热时，将牛肉倒入，炸至外表略脆时捞起。

3. 锅内留底油，投入干辣椒煸炒至香，再放花椒、姜片、蒜片、辣椒粉炒一下。

4. 加酱油、肉苁蓉汁、盐、糖、黄酒，再倒入牛肉、山楂，加清汤适量，文火煨熟后，武火收汤，加撒葱花，淋麻油装盘，即可食用。

【功效与主治】补肾壮阳，理气消食。适用于阳痿、早泄、遗精等疾病。对肾气不足所致的阳痿无力、性生活障碍、腰膝酸软、倦怠无力、畏寒肢冷、免疫力低、易于感冒、消化不良、体质虚弱等症状有一定疗效。

【膳食服法】餐时服用。

【医学分析】膳食中肉苁蓉是补肝肾的重要药物，也是历代医家推崇的延年抗衰药，《药性论》中称其"益髓，悦颜色，延年，大补胆"。山楂有很好的健胃作用，两者相配可使苁蓉的滋补作用充分发挥。牛肉味甘平，具有补脾胃、益气、强筋骨作用。黄酒可温阳散寒并引药入经。四味相配先、后天兼顾，脾肾同补，共奏补肾壮阳、理气消食之效。服用本品对脾肾不足所致的阳痿、早泄、遗精、泄泻等病症有一定疗效。

苁蓉牛肉粥

【食药材】肉苁蓉15克,牛肉100克,粳米50克,葱白2茎,生姜3片,盐等调味品适量。

【膳食制法】

1. 将肉苁蓉洗净,用纱布包好,放入砂锅,加入适量水,武火烧开,文火煎煮30分钟,去渣取汁。
2. 牛肉切细丝,加入药汁、生姜、粳米,武火烧开,文火煮至粥熟。
3. 加入葱白细末、适量盐调味,即可食用。

【功效与主治】补肾壮阳,培补脾胃。适用于阳痿、早泄、遗精、痞满、胃痛等疾病。对肾气不足所致的阳痿无力、精关不固、腰膝酸软、倦怠无力、畏寒肢冷、易于感冒等症状,以及脾气亏虚所致的消化不良、食少便溏、体质虚弱等症状有一定疗效。本方久服,对增强机体免疫力有一定的作用。

【膳食服法】餐时服用。

【医学分析】膳食中肉苁蓉温肾壮阳,《日华子本草》称其为"治男绝阳不兴,女绝阴不产"之良药。牛肉补脾胃,养血暖宫。粳米助苁蓉温补之力。三味相配共奏补肾壮阳、补益脾胃之效。故服用本粥对脾肾虚寒所致的阳痿、早泄、遗精、痞满、胃痛、宫冷不孕等病症有一定疗效。

肉苁蓉配咖啡 补肾壮阳,填精补髓

壮阳咖啡

【食药材】肉苁蓉5克,淫羊藿3克,菟丝子2克,茯苓2克,咖啡豆15克,白砂糖6克,水200毫升。

【膳食制法】

1. 先分别将淫羊藿、菟丝子、肉苁蓉及茯苓破碎后加水煎煮,过滤后的滤液浓缩制备成浓度为0.7克/毫升的提取液。

2. 咖啡豆磨成粉末。

3. 再将以上药物提取液加水混匀后,与咖啡粉及白砂糖混合煎煮30分钟,即可饮用。

【功效与主治】补肾壮阳,填精补髓。适用于阳痿、早泄、遗精、滑精等疾病。对脾肾阳虚所致的阳事不举或举而不坚、性欲减退、畏寒肢冷、精关不固、过早泄精、小便清长、夜尿频多、大便溏薄、精神萎靡、头晕耳鸣等症状有一定疗效。现代医学研究表明,本方对神经衰弱、前列腺炎、各种原因导致的男子阴茎勃起功能障碍等病症有一定防治作用。

【膳食服法】餐后饮用。

金樱子

【来源】蔷薇科灌木植物金樱子的干燥果实。

【性味归经】甘、微酸、涩，平。归肾、膀胱、大肠经。

【功效与主治】固精缩尿，涩肠止泻。适用于肾虚不固所致的遗精滑精、尿频遗尿、妇女带下量多等症状，以及脾气亏虚所致的久泻不止、久痢大肠不固和中气不足所致的脱肛、子宫脱垂、崩漏等症状。

【药理成分】含有糖类和柠檬酸、鞣质、苹果酸、维生素C等成分。

【附注】大便干燥、实火邪热、感冒发热者不宜单独食用。

金樱子配小米 补肾固精，涩尿止遗

金樱子小米粥

【食药材】金樱子10克，芡实20克，小米50克。

【膳食制法】

1. 将金樱子洗净，用纱布包好，入锅加水，武火烧开，文火煎30分钟，去渣取汁。

2. 药汁加入芡实及小米，加入适量水，煮至粥熟，即可食用。

【功效与主治】补肾固精，涩尿止遗。适用于遗尿、遗精、泄泻等疾病。对脾肾亏虚所致的小便频数、性生活障碍、大便溏薄、倦怠乏力、少气懒言等症状有一定疗效。

【膳食服法】餐时服用。

金樱子配粳米　收敛固精，涩肠止泻

金樱子粳米粥

【食药材】金樱子10克，粳米100克。

【膳食制法】

1. 将金樱子洗净，用纱布包好，放入砂锅内，倒入适量水。
2. 武火烧开，文火煎煮30分钟，去渣取汁。
3. 放入粳米，再入适量水，煮至粥熟，即可食用。

【功效与主治】收敛固精，涩肠止泻。适用于遗精、带下病、泄泻等疾病。对肾精亏虚、不能固涩所致的性生活障碍、小便频数、带下量多、质清无味等症状，以及脾气亏虚所致的大便溏薄、久泄不止、少气懒言、周身乏力等症状有一定疗效。

【膳食服法】餐时服用。

金樱子配面粉　健脾益气，固涩止泻

金樱子饼

【食药材】金樱子40克，白扁豆、赤小豆粉各30克，面粉300克，植物油、酵母适量。

【膳食制法】

1. 将前三种药物研成细末。
2. 上述细末与面粉充分混合，放入适量水、酵母，进行发面。
3. 面发好后，在饼铛内放入少量植物油，烙饼至熟，即可食用。

【功效与主治】健脾益气，固涩止泻。适用于泄泻等疾病。对脾气不足所致的大便溏薄、周身乏力、少气懒言、不欲饮食、下肢沉重无力等症状有一定疗效。

【膳食服法】餐时服用。

金樱子配冰糖　收敛止汗，固涩止带

金樱子冰糖汁

【食药材】金樱子10克，冰糖适量。

【膳食制法】

1. 将金樱子捣碎，加水煎30分钟，去渣取汁。
2. 加入适量冰糖，待冰糖融化，搅匀，即可食用。

【功效与主治】收敛止汗，固涩止带。适用于遗精、带下病、汗证等疾病。对肾精不足所致的周身乏力、腰膝疼痛、性生活障碍、白带过多、少气懒言等症状，以及气虚不摄所致的汗出不止、倦怠不舒等症状有一定疗效。

【膳食服法】睡前冲服。

芡实

【来源】睡莲科水生草本植物芡的干燥种子。

【性味归经】甘、涩,平。归脾、肾经。

【功效与主治】补脾涩精,止带止泻。适用于脾肾亏虚所致的周身乏力、少气懒言、腹泻便溏、小便频数、梦遗滑精及妇女带下多等症状。

【药理成分】含有淀粉、蛋白质、尼古酸、碳水化合物、抗坏血酸、脂肪、粗纤维、钙、磷、铁、硫胺素、核黄素、胡萝卜素等。

芡实配核桃仁 补脾益肾，补脑益智

芡实胡桃粥

【食药材】芡实30克，核桃仁20克，粳米50克。

【膳食制法】

1. 将芡实、核桃仁洗净备用。

2. 上二味与粳米共煮成粥至熟，即可食用。

【功效与主治】补脾益肾，健脑益智。适用于健忘、痴呆、虚劳等疾病。对年老体弱、脾肾亏虚、脑髓失养所致的记忆力减退、睡眠不佳、周身乏力、腰膝酸软、少气懒言、身体瘦弱等症状有一定疗效。

【膳食服法】餐时服用。

芡实配粳米 补肾健脾，强心益智

芡实山药粥

【食药材】芡实30克，山药20克，粳米50克，盐、葱末等调味品适量。

【膳食制法】

1. 将山药、芡实洗净备用。
2. 上二味与粳米共煮成粥。
3. 加入适量盐及葱末，再煮二至三沸，即可食用。

【功效与主治】补肾健脾，强心益智。适用于健忘、泄泻、虚劳等疾病。对肾气亏虚、脑髓失养所致的记忆力减退、腰膝酸软、大便溏薄等症状，以及脾气亏虚所致的腹泻便溏、周身乏力、身体消瘦、不欲饮食、身体瘦弱等症状有一定疗效。本方久服，对延缓中老年人智力衰退、补脑增智有一定作用。

【膳食服法】餐时服用。

【医学分析】膳食中山药健脾补肾，益气养阴，补脑增智。《药性本草》称其"开达心孔，多记事"。芡实补脾肾，健脑益智。《神农本草经》称其"益精气，强志，耳目聪明，久服轻身不饥，耐老神仙"。粳米补中益气而充脑。三味相配共奏补肾健脾、强心益智之效。思虑劳伤、耗气伤血、脑失所养，故致脑力衰退、不耐久劳、谋事失聪、遇事善忘等。故食用本粥对气血两虚所致的健忘、失眠、泄泻、虚劳等病症有一定疗效。

芡实金樱粥

【食药材】芡实20克，金樱子5克，粳米100克，白糖等调味品适量。

【膳食制法】

1. 将芡实、金樱子洗净，纱布包好，放入砂锅，加水武火煮开，文火煎煮半小时，煎成药汁，去渣取汁。
2. 粳米淘洗干净，与药汁同入锅，武火烧开，文火煮至粥熟，加入适量白

糖，即可食用。

【功效与主治】补肾固精，健脾止泻。适用于遗精、遗尿、带下等疾病。对脾肾亏虚、肾气不固所致的小尿频数、白带过多、质淡无味、腰膝酸软、少气懒言、周身乏力、性功能减退等症状，以及脾气亏虚所致的肠鸣腹泻、大便溏薄等症状有一定疗效。

【膳食服法】餐时服用。

【附注】感冒及发热期间慎用。

芡实配豌豆　健脾止泻，温肾止带

芡实饺子

【食药材】鲜芡实60克，嫩豌豆200克，猪肉400克，面粉400克，洋葱8个，盐、酒、酱油、麻油、胡椒等调味品适量。

【膳食制法】

1. 将芡实切碎，入水浸泡1小时，去水备用。猪肉切碎，洋葱切碎。

2. 将嫩豌豆、芡实、猪肉、洋葱放入大碗，加盐、酒、酱油、麻油、胡椒等，搅拌均匀成馅。

3. 和面，制成饺子皮。

4. 包成饺子，开水下锅，煮熟，即可食用。

【功效与主治】健脾止泻，温肾止带。适用于泄泻、虚劳、遗精、带下病等疾病。对脾肾阳虚所致的久泻不止、腰膝酸软、周身乏力、身体瘦弱、少气懒言、畏寒肢冷、小便频数、性功能减退等症状，以及湿邪下注所致的妇女带下过多、质稀味淡等症状有一定疗效。

【膳食服法】餐时服用。

芡实配冰糖　补脾益肾，宁心安神

冰糖芡莲

【食药材】芡实10克，莲子肉6克，蜜桂花3克，冰糖适量。

【膳食制法】

1. 将莲子及芡实洗净，用纱布包好备用。
2. 锅置中火上，放入莲肉、芡实，武火烧开，文火煎煮30分钟，去渣取汁。
3. 加入冰糖烧开，待溶化后，加入蜜桂花，即可食用。

【功效与主治】补脾止泻，益肾涩精，宁心安神。适用于早泄、不寐、泄泻、带下病、心悸等疾病。对脾肾亏虚、心神不宁所致的久泻不止、带下过多、清稀味淡、睡眠不佳、眠中易醒、偶有心慌等症状，以及肾虚不固所致的性功能减退、尿频不净等症状有一定疗效。

【膳食服法】餐时服用。

【附注】发热者不宜食用。

芡实配香菇　补脾益气，温中补虚

芡实蒸蛋

【食药材】芡实15克，鸡蛋4枚，鸡肉100克，青虾10只，鱼肠半条，香菇10朵，鸡汤100毫升，柚子、芹菜少量，酒、盐、酱油等调味品适量。

【膳食制法】

1. 将芡实洗净，用纱布包好。
2. 布包用鸡汤以武火烧开，文火煎煮半小时，去渣取汁，放温备用。

3.青虾去皮及虾线并切段,鸡肉切细丁,共同放入碗内,用酒、柚子汁及少量盐浸渍备用。

4.鲜香菇去轴并切沫,芹菜切细末,鱼肠切小片。

5.将各种原料(除芹菜)放入1个大碗内。将煎好的芡实药汁与打碎的鸡蛋汁,用竹筷打匀,加盐、酱油等调味,然后将其倒入放好原料的大碗。

6.将碗放入蒸笼,上锅,武火烧开,文火蒸至蛋有凝结现象时,放上芹菜沫,继续蒸5分钟,即可食用。

【功效与主治】补脾益气,温中补虚。适用于胃痛、泄泻、厌食、虚劳等疾病。对脾气亏虚所致的乏力便溏、少气懒言、胃部不适、食欲不佳、疲倦易困、大便溏薄等症状有一定疗效。

【膳食服法】餐时服用。

芡实配松茸　补肾健脾,和胃消食

芡实老鸭汤

【食药材】芡实100克,老鸭500克,松茸50克,生姜、葱、食盐、料酒等调味品适量。

【膳食制法】

1.将鸭杀好,洗净备用。

2.将松茸去根,切丝备用。

3.将芡实洗净(纱布包好),与松茸一同放在鸭腹内,将鸭放入砂锅中,加生姜、葱、食盐、料酒、水适量。

4.将砂锅置武火上烧沸,用文火煮2小时,加入葱花,即可食用。

【功效与主治】补肾健脾,和胃消食。适用于消渴、水肿、痞满、遗精等疾病。对脾气亏虚、肾气不足所致的口渴多饮、倦怠乏力、周身浮肿、食后胀满、性生活障碍等症状有一定疗效。

【膳食服法】餐时服用。

芡实配面粉　补肾健脾，收敛止泻

芡实莲肉包

【食药材】芡实100克，莲肉250克，面粉500克，熟猪油30克，泡打粉、白糖等调味品适量。

【膳食制法】

1. 莲肉以沸水泡发，芡实洗净泡发至胀，备用。
2. 将泡发好的莲肉与芡实入笼蒸透，并压挤成茸，与部分白糖、猪油共揉成馅。
3. 将面粉、泡打粉、剩余白糖混匀，加水适量揉成面团，并分成小块。
4. 将小块面团用手按压成皮，并包入馅成包子。
5. 入笼屉蒸熟，即可食用。

【功效与主治】补肾健脾，收敛止泻。适用于泄泻、痞满、遗精、心悸等疾病。对脾肾亏虚所致的食少腹胀、大便溏薄、心慌气短、失眠乏力、性功能减退等症状有一定疗效。

【膳食服法】餐时服用。

【附注】糖尿病者宜将白糖调成木糖醇。

芡实配羊骨　补肾健脾，强筋壮骨

芡实羊骨羹

【食药材】芡实粉30克，羊脊骨500克，姜、葱、花椒、八角、食盐等调味品适量。

【膳食制法】

1. 将羊脊骨洗净，入锅，加入葱段、姜片、花椒、八角，武火烧开，文火熬1小时，去骨取肉及汁。

2. 肉汁调入芡实粉。

3. 文火煮熟，再加入葱末、适量盐调味，即可食用。

【功效与主治】补肾健脾，强筋壮骨。适用于痹证、泄泻等疾病。对肝肾亏虚、精气不足所致的各关节麻木疼痛、腰膝酸楚、周身乏力等症状，以及脾肾阳亏所致的晨起或食后腹泻便溏、少气懒言等症状有一定疗效。现代医学研究表明，本方对椎间盘突出及骨性关节炎等病症有一定防治作用。

【膳食服法】餐时服用。

覆盆子

【来源】蔷薇科灌木植物掌叶覆盆子的干燥果实。

【性味归经】甘、酸，平。归肝、肾经。

【功效与主治】补益肝肾，明目缩尿，固精止遗。适用于肝肾不足所致的肝虚目暗、视物不清、眼干夜盲、阴精虚少、腰酸体倦、不育不孕等症状，以及肾虚不固所致的遗精早泄、尿频遗尿等症状。

【药理成分】含有机酸、糖类、维生素C等。

【附注】小便短涩者不宜单独食用。

覆盆子配乳鸽　补肾强筋，益气养血

覆盆子鸽子粥

【食药材】覆盆子6克，五味子3克，菟丝子3克，枸杞子5克，鸽子肉50克，粳米60克，生姜、葱白、食盐等调味品适量。

【膳食制法】

1. 将鸽子杀好洗净，肉切细丝，加入葱、姜、盐腌制半小时。
2. 鸽子与粳米一同煮成粥。
3. 将以上药物洗净后，用纱布包好，加水煎煮30分钟，去渣取汁。
4. 将粥与药汁混合，加入适量调味品，煎煮5分钟后，即可食用。

【功效与主治】补肾益精，养肝明目，固精止遗。适用于阳痿、遗精、早泄、腰痛、雀盲、带下病、虚劳、不孕等疾病。对肝肾亏虚、精血不足所致的身体瘦弱、视物昏花、腰膝酸软、性生活障碍、神疲乏力、少气懒言、尿频遗尿、带下过多等症状有一定疗效。

【膳食服法】餐时服用。

【医学分析】膳食中，枸杞子性味甘平，既能补肾益精，又能养肝明目，为补肝肾、益精血的要药。无论肾阴不足或肾阳亏虚，或是精血耗损之证，均可选用。因其平补阴阳，历代应用广泛，早在《神农本草经》便有"耐劳""坚筋骨"等记载。菟丝子、覆盆子、五味子皆为补肾益精、固摄肾气的常用药物，对于肾阳不足、肾气不固、肾精亏损所致的上述证候尤为适宜。鸽肉性平，味甘、咸，归肝、肾经，具有滋肾补气虚、益精血、暖腰膝、利小便等作用。上五味与粳米同煮为粥，相辅相成，共奏补肾益精、养肝明目、固精止遗之效。故服用本品对肝肾亏虚、精血不足所致的阳痿、遗精、早泄、腰痛、雀盲、带下病、虚劳等病症有一定疗效。老年人及体质虚弱之人经常服食，能够提高免疫力。

【附注】发热者慎服。

覆盆子配猪肚　滋补肝肾，固精缩尿

覆盆白果猪肚煲

【食药材】覆盆子10克，白果3克，猪肚150克，生姜5克，大葱段5克，胡椒粉、盐等调味品适量。

【膳食制法】

1. 猪肚洗净后切小块，覆盆子、白果洗净沥干用纱布包好。
2. 将纱布袋、猪肚、生姜、大葱一起放入砂锅中，倒入适量清水。
3. 旺火煮沸，文火煲至猪肚烂熟，加入适量盐、胡椒粉调味，即可食用。

【功效与主治】滋补肝肾，固精缩尿。适用于小儿遗尿、膀胱咳（咳嗽后遗尿）及癃闭等疾病。对肝肾亏虚所致的小儿夜间尿多、女性咳嗽后遗尿等症状，以及肾气不足所致的尿频尿急、排尿不净、腰膝酸软、倦怠无力等症状有一定疗效。

【膳食服法】餐时服用。

覆盆子配粳米　补益肝肾，固精缩尿

覆盆粳米粥

【食药材】覆盆子10克，粳米100克，蜂蜜适量。

【膳食制法】

1. 先将粳米淘洗干净，用冷水浸泡半小时，捞出。

2. 将覆盆子洗净，用干净纱布包好，扎紧袋口。

3. 锅中放入冷水、覆盆子（纱布包），武火煮沸，文火煎20分钟。

4. 拣去覆盆子，加入粳米，用武火煮开后，改温火煮至粥成，蜂蜜调匀，即可食用。

【功效与主治】补益肝肾，固精缩尿。适用于阳痿、早泄、遗精、滑精及遗尿等疾病。对肝肾亏虚、精血不足所致的性生活障碍、腰膝酸软、目视昏花、视物不清、小便频数、倦怠乏力、少气懒言等症状有一定疗效。

【膳食服法】餐时服用。

结　语

冬季天寒地冻，万物凋零，气候寒冷而阳气收引。《黄帝内经》曰："冬气通肾，大地收藏，万物皆伏，肾气内应而主藏，故为先天之本。养生之道，在于养肾，罢极之本，神气内守，避寒就温，养脏腑，以生血气矣。"冬季万物沉寂，内应于肾，此时，人体宜顺应冬天收引凝滞的特点，养护人体肾气。故冬季宜养肾，本册所述药食同源类中药及食材搭配即体现了此思想。此外，笔者依据多年经验，还总结出具有补肾壮阳之效的冬季本草健身酒，其食药材包括白酒2升、巴戟天15克、韭菜子15克、锁阳10克、地骨皮3克、桑椹30克、沙苑子3克、桑寄生10克、杜仲5克、路路通3克、首乌藤3克、姜黄3克、葛根3克。制作工艺是先按照上述比例将所有原料清洗晾干后粉碎过筛、称重，将中草药粉混合均匀后用纱布包严，和枸杞子一起投入白酒中密封浸泡，每日摇晃1次，15日后即可饮用。此冬季本草健身酒，按照中医学关于人体五脏功能与天气相适应理论中肾主骨生髓、应于冬季的原则，配伍上述各原料药，使其具有平肝补肾、益精养血的健身功效，还可祛风散寒、明目安神。现代医学研究表明，本方对降低血糖、调节血脂和血压、增强机体免疫力、抗疲劳、补充钙质和矿物质等有一定作用，具备一定的养生保健价值。

食材索引

【黄酒】　　见五加皮配黄酒……………… 4

【沙梨皮】　见五加皮配沙梨皮…………… 6

【红茶】　　见泽泻配红茶………………… 10

【石榴】　　见车前子配石榴……………… 14

【油麦菜】　见车前子配油麦菜…………… 15

【黑茶】　　见车前子配黑茶……………… 16

【鸡肝】　　见肉桂配鸡肝………………… 19

【蛎黄肉】　见生牡蛎配蛎黄肉…………… 28

【洋葱】　　见生牡蛎配洋葱……………… 29

【野猪肉】　见生牡蛎配野猪肉…………… 30

【海参】　　见熟地配海参………………… 41

【鸡肉】　　见制何首乌配鸡肉…………… 48

【猪脬】　　见益智仁配猪脬……………… 62

【羊肾】　　见益智仁配羊肾……………… 64

【青鱼】　　见黑芝麻配青鱼……………… 72

【海带】　　见黑芝麻配海带……………… 73

【芋头】　　见女贞子配芋头……………… 78

【猪排】　　见旱莲草配猪排……………… 82

【大白菜】　见旱莲草配大白菜…………… 83

【蛏子】　　见韭菜子配蛏子……………… 99

【牛奶】　　见韭菜子配牛奶……………… 100

【虾米】	见淫羊藿配虾米 …………………… 106
【鸭蛋】	见淫羊藿配鸭蛋 …………………… 107
【狗肾】	见菟丝子配狗肾 …………………… 113
【牛鞭】	见杜仲配牛鞭 ……………………… 124
【驴肉】	见沙苑子配驴肉 …………………… 129
【鹿鞭】	见巴戟天配鹿鞭 …………………… 138

膳食辅助性治疗索引

一、外感病证

中暑：中暑是在暑热季节、高温和（或）高湿环境下，由于体温调节中枢功能障碍、汗腺功能衰竭和水电解质丢失过多而引起的以中枢神经和(或)心血管功能障碍为主要表现的急性疾病。

  泽泻冬瓜鲫鱼汤 ………………………… 12

二、肺病证

1. **咳嗽**：肺失宣降，肺气上逆作声，咳痰液。

  芝麻三合泥 ……………………………… 68
  旱莲白菜饮 ……………………………… 83
  桑椹墨女蛋糕 …………………………… 94
  起阳鲤鱼 ………………………………… 102
  参蛤粥 …………………………………… 119
  参蛤蒸鸭 ………………………………… 120
  杜仲银耳羹 ……………………………… 122
  杜仲灵芝银耳羹 ………………………… 123
  苁蓉三文鱼汤 …………………………… 160
  覆盆白果猪肚煲 ………………………… 178

2. **喉痹**：指以咽部红肿疼痛，或干燥、异物感，或咽痒不适，吞咽不利等为主要临床表现的疾病。现代医学主要指急、慢性咽炎等。

  旱莲白菜饮 ……………………………… 83

3. **哮病**：发作性痰鸣气喘疾患。发作时喉中有哮鸣音，呼吸气促困难，甚至喘息不能平卧。

　　　　白羊肾羹 ················· 153

　4. **喘病**：以呼吸困难，甚至张口抬肩、鼻翼煽动、不能平卧为特征。

　　　　起阳鲤鱼 ················· 102
　　　　参蛤粥 ··················· 119
　　　　参蛤蒸鸭 ················· 120
　　　　补骨脂核桃膏 ············· 134
　　　　软炸猪肾 ················· 135
　　　　肉苁蓉羊肉粥 ············· 156

　5. **肺胀**：多于肺咳、哮病等之后发病，因肺气长期壅滞、肺叶膨胀、不能敛降、胀廓充胸，表现为胸中胀闷、咳嗽咳痰、气短而喘。

　　　　参蛤粥 ··················· 119

　6. **肺痨**：具有传染性的慢性虚弱性疾患，以咳嗽、咳血、潮热、盗汗及身体逐渐消瘦为特征。现代医学主要指肺结核。

　　　　二至鸡丝汤 ··············· 81

三、心脑病证

　1. **心悸**：心之气血阴阳亏虚，或痰饮瘀血阻滞，致心神失养或心神受扰，出现心中悸动不安不能自主的疾病。临床多呈发作性，每因情绪波动或劳累过度而诱发，常伴胸闷、气短、失眠、健忘、眩晕等症。

　　　　山牡野猪肉 ··············· 31
　　　　乌鸡安神汤 ··············· 34
　　　　补血益肝汤 ··············· 43
　　　　枸杞滑熘里脊 ············· 53
　　　　枸杞羊骨煲 ··············· 56
　　　　枸杞烧牛肉 ··············· 56
　　　　冰糖芡莲 ················· 172
　　　　芡实莲肉包 ··············· 174

　2. **胸痹心痛**：胸部闷痛，甚则胸痛彻背、喘息不得卧，轻者仅感胸部隐痛、呼吸欠畅。

　　　　肉苁蓉羊肉粥 ············· 156

　3. **眩晕**：眼前发花或发晕，感觉自身或外界景物旋转，轻者闭目即止，重者如坐车船、旋转不定、不能站立，或伴有恶心、呕吐、汗出或扑倒等症状。

三羊开泰乌发汤 ……………… 9
泽泻红茶 ……………………… 10
泽泻五味茶 …………………… 11
牡蛎鳕鱼粳米粥 ……………… 31
熟地粳米粥 …………………… 39
熟地桃酥鸡糕 ………………… 40
地黄汤烧海参 ………………… 42
首乌煮鸡蛋 …………………… 45
首乌二米粥 …………………… 47
枸杞滑熘里脊 ………………… 53
枸杞青笋肉丝 ………………… 53
枸杞肝尖 ……………………… 57
枸杞煲母鸡 …………………… 58
枸杞蒸蛋 ……………………… 59
芝麻三合泥 …………………… 68
美容乌发糕 …………………… 70
贞杞烧猪肝 …………………… 75
贞杞山萸甲鱼汤 ……………… 76
虫草贞芪香菇鸭 ……………… 77
女贞烧三鲜 …………………… 78
旱莲豆姜饮 …………………… 81
育阴酒 ………………………… 89
桑椹黄芪酒 …………………… 91
桑椹粳米酒 …………………… 91
桑椹蒸蛋 ……………………… 93
桑椹墨女蛋糕 ………………… 94
滋肾猪肝 ……………………… 94
桑椹里脊 ……………………… 95
桑椹苁蓉黑豆汁 ……………… 96
桑椹饼干 ……………………… 97

补肾强阳糕 …………………………………… 107
菟丝子煎蛋 …………………………………… 116
杜仲银耳羹 …………………………………… 122
杜仲灵芝银耳羹 ……………………………… 123
杜仲爆腰花 …………………………………… 127
健腰油炸糕 …………………………………… 133
苁蓉壮督汤 …………………………………… 155

4. **中风**：以突然昏扑、不省人事、半身不遂、口眼歪斜、言语不利为主症的疾病，轻者无昏倒仅见言语不利及半身不遂症状。

牡蛎鳕鱼粳米粥 ……………………………… 31
变化史国公药酒 ……………………………… 87
育阴酒 ………………………………………… 89

5. **不寐**：心神失养或心神不安所致，以经常不能获得正常睡眠为特征。

蛎黄鸡汤 ……………………………………… 28
山牡野猪肉 …………………………………… 31
乌鸡安神汤 …………………………………… 34
补血益肝汤 …………………………………… 43
枸杞羊骨煲 …………………………………… 56
美容乌发糕 …………………………………… 70
贞杞烧猪肝 …………………………………… 75
贞杞山萸甲鱼汤 ……………………………… 76
女贞杞药甲鱼汤 ……………………………… 76
虫草贞芪香菇鸭 ……………………………… 77
女贞烧三鲜 …………………………………… 78
莲参粥 ………………………………………… 85
桑椹粳米酒 …………………………………… 91
桑椹蜜膏 ……………………………………… 92
桑椹墨女蛋糕 ………………………………… 94
冰糖苡莲 ……………………………………… 172

6. **痴呆**：多由七情内伤、久病年老等病因，导致髓减脑消、神机失用，是以呆傻愚笨为主要临床表现的一种神志疾病。

核桃枸杞炒豌豆 ……………………………… 58

益智仁煲鸭 …………………………… 62
芝麻核桃粥 …………………………… 68
菟丝核桃爆狗腰 ……………………… 113
杜仲核桃爆兔肉 ……………………… 124
沙苑龙眼炖驴肉 ……………………… 129
红烧鹿鞭 ……………………………… 139
健脑海虾 ……………………………… 139
芡实胡桃粥 …………………………… 169

四、脾胃肠病证

1. **胃痛**：上腹胃脘部近心窝处发生疼痛的病症。

　　五加皮猪肉煲 ……………………… 6
　　清胃兔肉冻 ………………………… 25
　　牡蛎枸杞香菇汤 …………………… 35
　　煅牡蛎白菜刀豆汤 ………………… 36
　　枸杞烧鲫鱼 ………………………… 55
　　桑椹麻仁芝麻糕 …………………… 92
　　韭子牛奶粥 ………………………… 101
　　二仙爆羊肉 ………………………… 109
　　白羊肾羹 …………………………… 153
　　苁蓉壮督汤 ………………………… 155
　　苁蓉羊骨汤 ………………………… 158
　　肉苁蓉胡萝卜汤 …………………… 159
　　苁蓉牛肉粥 ………………………… 162
　　芡实蒸蛋 …………………………… 172

2. **痞满**：由于中焦气机阻滞出现以脘腹满闷不舒为主症的病症。有自觉胀满、触之无形、按之柔软、压之无痛的临床特点。

　　韭子牛奶粥 ………………………… 101
　　苁蓉羊骨汤 ………………………… 158
　　肉苁蓉胡萝卜汤 …………………… 159
　　苁蓉牛肉粥 ………………………… 162

芡实老鸭汤 …………………… 173
芡实莲肉包 …………………… 174

3. **腹痛**：以胃脘以下、耻骨毛际以上部位发生疼痛为主症。
肉桂粳米红糖粥 …………………… 19
肉桂黑茶羊肉汤 …………………… 20
鹿骨玉米羹 …………………… 148
白羊肾羹 …………………… 153

4. **呕吐**：胃失和降，气逆于上，迫使胃内容物从口吐出的病症。
肉桂薏米粥 …………………… 21
煅牡蛎白菜刀豆汤 …………………… 36

5. **呃逆**：胃气上逆动膈，喉间呃呃连声，声短而频、难以自制的病症。
煅牡蛎白菜刀豆汤 …………………… 36

6. **厌食**：见食不贪，食欲不振，甚则拒食的一种常见的病证。
桑椹蜜膏 …………………… 92
芡实蒸蛋 …………………… 172

7. **泄泻**：以排便次数增多、粪质稀溏甚至泻出如水样为主症。
五加皮蒜泥猪肉 …………………… 3
车前石榴饮 …………………… 14
车前瞿麦粳米粥 …………………… 17
益智仁红茶粥 …………………… 61
芝麻四神糊 …………………… 70
沙苑粳米粥 …………………… 131
金樱子小米粥 …………………… 165
金樱子粳米粥 …………………… 166
金樱子饼 …………………… 166
芡实山药粥 …………………… 170
芡实饺子 …………………… 171
冰糖芡莲 …………………… 172
芡实蒸蛋 …………………… 172
芡实莲肉包 …………………… 174
芡实羊骨羹 …………………… 175

8. **便秘**：由于大肠传导失司，导致大便秘结，排便周期延长。或周期不长，但粪质干结，排出艰难；或粪质不硬，虽有便意，但排便不畅。

　　首乌煮鸡蛋 …………………………………… 45

　　首乌红枣粳米粥 ……………………………… 48

　　黑芝麻粥 ……………………………………… 67

　　麻麻炖猪肠 …………………………………… 71

　　芝麻青鱼丸 …………………………………… 72

　　桑椹麻仁芝麻糕 ……………………………… 92

　　桑椹蒸蛋 ……………………………………… 93

　　桑椹醪酒 ……………………………………… 96

　　桑椹苁蓉黑豆汁 ……………………………… 96

　　桑椹饼干 ……………………………………… 97

　　韭子牛奶粥 …………………………………… 101

　　肉苁蓉羊肉粥 ………………………………… 156

　　肉苁蓉芋头汤 ………………………………… 158

　　肉苁蓉胡萝卜汤 ……………………………… 159

　9. **肥胖**：由于过食、缺乏体力活动等原因导致体内膏脂过多，体重超过一定范围，或伴有头晕乏力、神疲懒言等症状。

　　芝麻海带糕 …………………………………… 73

五、肝胆病证

　　耳鸣：耳鸣是在无外界施加声刺激或电刺激时，人的耳内或颅内所产生的一种超过一定时程的声音感觉。

　　桑椹饼干 ……………………………………… 97

　　菟丝子煎蛋 …………………………………… 116

　　苁蓉炖羊肾 …………………………………… 154

六、肾膀胱病证

　1. **水肿**：多种原因导致体内水液潴留、泛滥肌肤，引起眼睑、头面、四肢、腹背甚至全身浮肿。

　　五加皮蒜泥猪肉 ……………………………… 3

五加皮山甲酒 ……………………………… 4
五加皮猪肉煲 ……………………………… 6
泽泻粳米粥 ………………………………… 8
泽泻红茶 …………………………………… 10
泽泻五味茶 ………………………………… 11
泽泻冬瓜鲫鱼汤 …………………………… 12
车前石榴饮 ………………………………… 14
车前油麦粥 ………………………………… 15
车前瞿麦粳米粥 …………………………… 17
枸杞烧鲫鱼 ………………………………… 55
芝麻五香鸭 ………………………………… 69
芝麻海带糕 ………………………………… 73
芡实老鸭汤 ………………………………… 173

2. **淋证**：以小便频数短涩、淋漓涩痛、小腹拘急隐痛为主症。

泽泻粳米粥 ………………………………… 8
泽泻冬瓜鲫鱼汤 …………………………… 12
车前石榴饮 ………………………………… 14
车前油麦粥 ………………………………… 15
车前二虫茶 ………………………………… 17
车前瞿麦粳米粥 …………………………… 17
肉桂鸡肝 …………………………………… 20

3. **癃闭**：以小便量少、点滴而出甚则闭塞不通为主症。

淫羊藿苁蓉酒 ……………………………… 108
菟丝鹿茸炖羊肾 …………………………… 114
覆盆白果猪肚煲 …………………………… 178

4. **遗精**：指不因性生活而精液遗泄的病症。

肉桂粳米红糖粥 …………………………… 19
益智仁酒 …………………………………… 61
益智螵蛸炖猪脬 …………………………… 63
补阳汤 ……………………………………… 64
旱莲黑豆膏 ………………………………… 80
韭菜子粥 …………………………………… 99

韭子蛏子粥 …………………………… 100
菟丝子粳米粥 ………………………… 111
菟丝二仁糕 …………………………… 112
菟丝鹿茸炖羊肾 ……………………… 114
养元蛋汤 ……………………………… 117
杜仲五味羊肾汤 ……………………… 125
苁蓉煨鹿肉 …………………………… 157
苁蓉牛肉 ……………………………… 161
苁蓉牛肉粥 …………………………… 162
壮阳咖啡 ……………………………… 162
金樱子小米粥 ………………………… 165
金樱子粳米粥 ………………………… 166
金樱子冰糖汁 ………………………… 167
芡实金樱粥 …………………………… 170
芡实饺子 ……………………………… 171
芡实老鸭汤 …………………………… 173
芡实莲肉包 …………………………… 174
覆盆子鸽子粥 ………………………… 177
覆盆粳米粥 …………………………… 179

5. 不孕：一年未采取任何避孕措施，性生活正常而没有成功妊娠。

肉桂粳米红糖粥 ……………………… 19
肉桂鸡肝 ……………………………… 20
菟丝子粳米粥 ………………………… 111
杞蓉羊肾汤 …………………………… 154
苁蓉煨鹿肉 …………………………… 157
覆盆子鸽子粥 ………………………… 177

6. 阳痿：成年男子性交时，由于阴茎痿软不举或举而不坚，无法进行正常的性生活。

肉桂粳米红糖粥 ……………………… 19
参牛群草鹿肉汤 ……………………… 23
益智螵蛸炖猪脬 ……………………… 63
二至鸡丝汤 …………………………… 81

鳖甲炖鸡	88
韭菜子粥	99
韭子蛏子粥	100
核桃炒韭菜	101
韭子海虾	103
韭子温阳饺	104
淫羊虾米饮	106
补肾强阳糕	107
淫羊藿苁蓉酒	108
二仙爆羊肉	109
菟丝子粳米粥	111
菟丝子酒	112
菟丝二仁糕	112
菟丝鹿茸炖羊肾	114
双子鹌鹑卵	115
菟丝子煎蛋	116
杜仲巴戟牛鞭汤	125
杜仲五味羊肾汤	125
杜仲羊肾汤	126
杜仲爆腰花	127
脂桃粥	133
补骨脂核桃膏	134
红烧鹿鞭	139
健脑海虾	139
鹿茸干姜猪蹄汤	142
鹿茸山药酒	142
鹿角粥	150
苁蓉炖羊肾	154
苁蓉壮督汤	155
苁蓉煨鹿肉	157
苁蓉羊骨汤	158
肉苁蓉芋头汤	158

肉苁蓉胡萝卜汤	159
苁蓉三文鱼汤	160
苁蓉牛肉	161
苁蓉牛肉粥	162
壮阳咖啡	162
覆盆子鸽子粥	177
覆盆粳米粥	179

7. 早泄：性交时过早射精，甚至未交即泄。

牡蛎瓦楞鸡肝汤	29
益智仁酒	61
旱莲黑豆膏	80
二至鸡丝汤	81
韭子蛏子粥	100
核桃炒韭菜	101
淫羊虾米饮	106
补肾强阳糕	107
淫羊藿苁蓉酒	108
菟丝子粳米粥	111
菟丝子酒	112
菟丝二仁糕	112
菟丝鹿茸炖羊肾	114
双子鹌鹑卵	115
养元蛋汤	117
杜仲羊肾汤	126
脂桃粥	133
红烧鹿鞭	139
苁蓉壮督汤	155
苁蓉牛肉	161
苁蓉牛肉粥	162
壮阳咖啡	162
冰糖芡莲	172
覆盆子鸽子粥	177

　　　　覆盆粳米粥 ·················· 179

　8. **遗尿**：指在熟睡时不自主地排尿。
　　　　肉桂鸡肝 ···················· 20
　　　　金樱子小米粥 ················ 165
　　　　芡实金樱粥 ·················· 170
　　　　覆盆白果猪肚煲 ·············· 178
　　　　覆盆粳米粥 ·················· 179

七、气血津液病证

　1. **郁证**：由于原本肝旺或体质素弱，复加情志所伤引起的气机失常，以心情抑郁、情绪不宁、胸部满闷、胁肋胀痛，或易怒善哭或咽中如有异物梗塞等为主要表现。
　　　　安神三黄鸡 ·················· 38
　　　　首乌红枣粳米粥 ·············· 48
　　　　枸杞煲母鸡 ·················· 58

　2. **痰饮**：痰饮亦有狭义和广义之分。狭义之痰饮，系指由呼吸道所咳出的分泌物；而广义之痰饮，则除上述咳吐而出之痰液外，还应包括留滞于体内因水湿凝聚而成之痰饮水邪及无形之痰饮病证在内。
　　　　泽泻粳米粥 ·················· 8
　　　　白羊肾羹 ···················· 153
　　　　苁蓉炖羊肾 ·················· 154

　3. **血证**：各种原因引起的血液不循常道的病症。
　　　　二至黄精黑豆膏 ·············· 80
　　　　旱莲猪排汤 ·················· 82
　　　　桑椹蜜膏 ···················· 92

　4. **汗证**：阴阳失调、腠理不固所致汗液外泄失常的病症。
　　　　清胃兔肉冻 ·················· 25
　　　　旱莲黑豆膏 ·················· 80
　　　　二至黄精黑豆膏 ·············· 80
　　　　旱莲红枣饮 ·················· 84
　　　　莲参粥 ······················ 85

韭子煮白蚬子 …………………… 103
苁蓉炖羊肾 ……………………… 154
金樱子冰糖汁 …………………… 167

5. **消渴**：由于先天禀赋不足、饮食失节、情志失调、劳倦内伤等导致阴虚内热，以多饮、多食、多尿、消瘦为主要表现。现代医学指糖尿病。

泽泻红茶 ………………………… 10
熟地桃酥鸡糕 …………………… 40
地黄汤烧海参 …………………… 42
首乌甲鱼汤 ……………………… 46
枸杞蒸蛋 ………………………… 59
桑椹醪酒 ………………………… 96
韭子煮白蚬子 …………………… 103
芡实老鸭汤 ……………………… 173

6. **虚劳**：又称虚损，以脏腑亏损、气血阴阳虚衰、久虚不复成劳为病机，以五脏虚损为主要临床表现。

五加皮糯米酒 …………………… 5
五加皮猪肉煲 …………………… 6
三羊开泰乌发汤 ………………… 9
肉桂粳米红糖粥 ………………… 19
肉桂鸡肝 ………………………… 20
肉桂黑茶羊肉汤 ………………… 20
参牛群草鹿肉汤 ………………… 23
牛膝糯米酒 ……………………… 23
牛膝粳米粥 ……………………… 24
牛膝羊肉煲 ……………………… 26
蛎黄鸡汤 ………………………… 28
母子牛排面 ……………………… 30
山牡野猪肉 ……………………… 31
蛎黄海带汤 ……………………… 32
牡蛎肉片汤 ……………………… 34
牡蛎枸杞香菇汤 ………………… 35
安神三黄鸡 ……………………… 38

熟地酒	38
熟地粳米粥	39
熟地桃酥鸡糕	40
地黄汤烧海参	42
首乌煮鸡蛋	45
首乌甲鱼汤	46
首乌二米粥	47
首乌红枣粳米粥	48
首乌煲母鸡	49
首乌鸡蛋小米粥	49
首乌黑豆饮	50
乌发豆	51
枸杞滑熘里脊	53
枸杞青笋肉丝	53
枸杞白蘑胡桃鸡肉卷	54
枸杞烧鲫鱼	55
枸杞羊骨煲	56
枸杞烧牛肉	56
枸杞肝尖	57
核桃枸杞炒豌豆	58
枸杞煲母鸡	58
枸杞蒸蛋	59
益智仁红茶粥	61
益智仁酒	61
益智仁煲鸭	62
益智螵蛸炖猪脬	63
补阳汤	64
黑芝麻粥	67
芝麻核桃粥	68
芝麻三合泥	68
芝麻五香鸭	69
美容乌发糕	70

芝麻四神糊	70
麻麻炖猪肠	71
芝麻青鱼丸	72
女贞子酒	75
贞杞烧猪肝	75
贞杞山黄甲鱼汤	76
女贞杞药甲鱼汤	76
虫草贞芪香菇鸭	77
女贞烧三鲜	78
旱莲黑豆膏	80
旱莲豆姜饮	81
旱莲猪排汤	82
旱莲红枣饮	84
旱莲猪肝羹	84
莲参粥	85
五味代茶饮	87
鳖甲炖鸡	88
桑椹黄芪酒	91
桑椹粳米酒	91
桑椹麻仁芝麻糕	92
桑椹蒸蛋	93
滋肾猪肝	94
桑椹里脊	95
桑椹醪酒	96
桑椹饼干	97
韭菜子粥	99
核桃炒韭菜	101
起阳鲤鱼	102
韭子温阳饺	104
淫羊藿苁蓉酒	108
全鹿中药保健汤	108
二仙爆羊肉	109

菟丝子酒	112
菟丝核桃爆狗腰	113
菟丝鹿茸炖羊肾	114
回阳狗肉	115
养元蛋汤	117
杜仲枸杞酒	122
杜仲银耳羹	122
杜仲灵芝银耳羹	123
杜仲核桃爆兔肉	124
杜仲巴戟牛鞭汤	125
沙苑龙眼炖驴肉	129
二子甲鱼汤	130
沙苑粳米粥	131
脂桃粥	133
软炸猪肾	135
巴戟二子酒	138
珍珠鹿茸	143
参茸驼肉	144
鹿骨桑椹汤	146
鹿角当归粳米粥	151
白羊肾羹	153
苁蓉炖羊肾	154
杞蓉羊肾汤	154
肉苁蓉羊肉粥	156
苁蓉三文鱼汤	160
芡实胡桃粥	169
芡实山药粥	170
芡实饺子	171
芡实蒸蛋	172
覆盆子鸽子粥	177

7. 瘿病：由于情志、饮食、水土失宜，以至气滞、痰凝、血瘀壅结颈前，引起以颈前后两旁结块肿大、随吞咽而活动为主要临床特征的疾病。

  牡蛎瓦楞鸡肝汤 …………………… 29
  蛎黄海带汤 ………………………… 32
  五味代茶饮 ………………………… 87

  8. 瘰疬：病变部位在颈项两侧或颌下，约黄豆大，数目不等，不随吞咽而活动。

    蛎黄海带汤 ………………………… 32

八、经络肢体病证

  1. 头痛：外感邪气或内伤致头部脉络拘急或失养，使清窍不利，以自觉头痛为主症。

    三羊开泰乌发汤 …………………… 9
    泽泻红茶 …………………………… 10
    牡蛎鳕鱼粳米粥 …………………… 31
    熟地粳米粥 ………………………… 39
    地黄汤烧海参 ……………………… 42
    女贞烧三鲜 ………………………… 78
    桑椹里脊 …………………………… 95
    苁蓉壮督汤 ………………………… 155

  2. 痹证：感受风寒湿邪，痹阻脉络，气血运行不畅，引起以肢体关节疼痛、肿胀、酸楚、麻木重着及活动不利为主要病症的疾病。

    五加皮蒜泥猪肉 …………………… 3
    五加皮山甲酒 ……………………… 4
    五加皮糯米酒 ……………………… 5
    牛膝糯米酒 ………………………… 23
    牛膝粳米粥 ………………………… 24
    变化史国公药酒 …………………… 87
    韭子温阳饺 ………………………… 104
    淫羊虾米饮 ………………………… 106
    回阳狗肉 …………………………… 115
    杜仲枸杞酒 ………………………… 122
    健腰油炸糕 ………………………… 133

巴戟牛膝酒	137
巴戟二子酒	138
巴戟狗肉	140
鹿骨强身酒	147
鹿骨酒	147
苁蓉煨鹿肉	157
芡实羊骨羹	175

3. 痿病：肢体筋脉弛缓无力，不能随意运动，或伴有肌肉萎缩的病症。

母子牛排面	30
山牡野猪肉	31
脂桃粥	133
健腰油炸糕	133
补骨脂核桃膏	134
软炸猪肾	135
巴戟牛膝酒	137
巴戟二子酒	138
巴戟狗肉	140
鹿骨桑椹汤	146
鹿角杜仲煲仔鸡	151
杞蓉羊肾汤	154

4. 颤证：以头部或肢体摇动、颤抖为主要临床表现的病症。轻者仅头摇或手足颤抖，重者颤动幅度增大，甚则四肢拘急，生活不能自理。

滋肾猪肝 …… 94

5. 腰痛：因外感、内伤或外伤导致腰部气血运行不畅，或失于濡养，引起腰脊及腰脊两旁疼痛的病症。

五加皮糯米酒	5
泽泻五味茶	11
肉桂黑茶羊肉汤	20
母子牛排面	30
熟地粳米粥	39
变化史国公药酒	87
韭菜子粥	99

淫羊藿苁蓉酒	108
菟丝子酒	112
菟丝核桃爆狗腰	113
回阳狗肉	115
双子鹌鹑卵	115
养元蛋汤	117
杜仲枸杞酒	122
杜仲银耳羹	122
杜仲灵芝银耳羹	123
杜仲核桃爆兔肉	124
杜仲巴戟牛鞭汤	125
杜仲五味羊肾汤	125
杜仲爆腰花	127
二子甲鱼汤	130
沙苑粳米粥	131
健腰油炸糕	133
巴戟牛膝酒	137
健脑海虾	139
巴戟狗肉	140
鹿茸山药酒	142
珍珠鹿茸	143
参茸驼肉	144
鹿骨强身酒	147
鹿骨酒	147
鹿骨玉米羹	148
鹿角粥	150
鹿角杜仲煲仔鸡	151
白羊肾羹	153
苁蓉炖羊肾	154
杞蓉羊肾汤	154
苁蓉壮督汤	155
苁蓉煨鹿肉	157

肉苁蓉芋头汤 …………………………… 158

覆盆子鸽子粥 …………………………… 177

九、外科疾病

1. 疮疡：由毒邪内侵、邪热灼血，以致气血凝滞而成的体表化脓感染性疾病。

旱莲白菜饮 ……………………………… 83

2. 痔疮：痔是直肠下端的肛垫出现了病理性肥大。

旱莲白菜饮 ……………………………… 83

十、妇科疾病

1. 痛经：指行经前后或月经期出现下腹部疼痛、坠胀，伴有腰酸或其他不适，症状严重影响生活质量者。

肉桂薏米粥 ……………………………… 21

参牛群草鹿肉汤 ………………………… 23

牛膝糯米酒 ……………………………… 23

韭子海虾 ………………………………… 103

2. 崩漏：是月经的周期、经期、经量发生严重失常的病证。其发病急骤，暴下如注，大量出血者为"崩"；病势缓，出血量少，淋漓不绝者为"漏"。

蛎黄鸡汤 ………………………………… 28

牡蛎肉片汤 ……………………………… 34

首乌煲母鸡 ……………………………… 49

鹿茸干姜猪蹄汤 ………………………… 142

鹿角当归粳米粥 ………………………… 151

3. 围绝经期综合征：指妇女绝经前后出现性激素波动或减少所致的一系列以自主神经系统功能紊乱为主、伴有神经心理症状的一组症候群，最典型的症状是潮热、潮红。

女贞子酒 ………………………………… 75

旱莲黑豆膏 ……………………………… 80

二至黄精黑豆膏	80
旱莲豆姜饮	81
二至鸡丝汤	81
旱莲红枣饮	84
旱莲猪肝羹	84
莲参粥	85
五味代茶饮	87
育阴酒	89
桑椹黄芪酒	91
桑椹粳米酒	91
桑椹蒸蛋	93
滋肾猪肝	94
菟丝子煎蛋	116
杜仲核桃爆兔肉	124
杜仲五味羊肾汤	125
沙苑龙眼炖驴肉	129

4. 月经不调：表现为月经周期或出血量的异常，可伴月经前、经期时的腹痛及全身症状。

肉桂薏米粥	21
蛎黄鸡汤	28
牡蛎肉片汤	34
乌鸡安神汤	34
熟地酒	38
补血益肝汤	43
首乌煲母鸡	49
首乌鸡蛋小米粥	49
首乌黑豆饮	50
枸杞青笋肉丝	53
枸杞烧牛肉	56
杜仲枸杞酒	122
参茸驼肉	144

5. 闭经：指正常月经周期建立后，月经停止6个月以上，或按自身原有月

经周期停止3个周期以上。

  牛膝糯米酒 …………………………………… 23

  贞杞山萸甲鱼汤 ……………………………… 76

6. **带下病**：带下的量、色、质、味发生异常，或伴全身、局部症状者。

  牡蛎肉片汤 …………………………………… 34

  乌鸡安神汤 …………………………………… 34

  益智螵蛸炖猪脬 ……………………………… 63

  鹿茸干姜猪蹄汤 ……………………………… 142

  金樱子粳米粥 ………………………………… 166

  金樱子冰糖汁 ………………………………… 167

  芡实金樱粥 …………………………………… 170

  芡实饺子 ……………………………………… 171

  冰糖芡莲 ……………………………………… 172

  覆盆子鸽子粥 ………………………………… 177

7. **阴挺**：妇女子宫下脱，甚则脱出阴户之外，或者阴道壁膨出的病症。

  首乌鸡蛋小米粥 ……………………………… 49

  麻麻炖猪肠 …………………………………… 71

十一、眼科疾病

1. **夜盲**：指夜间或黑暗处不能视物或视物不清，对弱光敏感度下降，暗适应时间延长的重症表现。

  补血益肝汤 …………………………………… 43

  枸杞肝尖 ……………………………………… 57

2. **雀目**：系指夜间视物不清的一类病证。

  覆盆子鸽子粥 ………………………………… 177

跋 一

《经》云："上医治未病，中医治欲病，下医治已病。"当之人治病之心切而养身之术乏，因陋就简，此舍本而逐末，世人之大弊也。箕畴五福，以寿为先，以考终正命为全。今生逢安康太平之年，既无扰攘忧戚之患，又无凶荒夭乱之伤，而犹或不尽其天年，何然？盖食饮所伤而不自知也。

丛书《本草·膳——五季调身》，分春、夏、长夏、秋、冬五册。"天覆地载，万物悉备，莫贵于人。人以天地之气生，四时之法成。"此书以五季代四时，契合古书经典又细化诸别，行书承《饮膳正要》之法，食药相伍以成其方。书中所述多为药食同源之物，调理功用尽显，所载药膳有授人以渔之能，凭简易膳食使读者自为己医，使学人一览即明大纲旨要所在。孙思邈曰："谓其医者，先晓病源，知其所犯，先以食疗，不瘥，然后命药，十去其九。"故善养生者，谨先行之。摄生之法，何其繁哉！

进言之，当今食材安全性每况愈下。夫上古之人，其知道者，食饮有节，起居有常，不妄作劳，故而能寿。今时之人不然也，起居无常，饮食不知忌避，亦不慎节，多嗜欲，浓滋味，不能守中，不知持满，故半百衰者多矣。本书以中药饮片去食之毒，其所以养口体、修懿德之要，无所不载，是为平调寒热之气、丞和阴阳之序、疗解饮食之伤新法。

一言以蔽之，治有病不若治无病，疗身不若疗心，使人疗不若先自疗也。

张 兰

跋 二

《本草·膳——五季调身》一书从构思至成书历时五年有余，其间不断修改与完善。

我们本着精益求精之目的，不忘匠人精神于吾心，无外乎是想做到：为生民立命，为往圣继绝学。上可无愧于先贤大家，下能济世安民。

我们清楚地认识到，自己的知识储备终究有限，单一化的学科研究已经难以满足时代的需要。科学上新理论、新发明的产生，新工程技术的出现，通常是在学科的边缘或交叉点上，重视交叉学科将使科学本身向着更深层次和更高水平发展，这是符合自然界客观规律的。鄙人有幸结识国家级名老中医刘学文教授，恰逢刘教授深入研究膳食疗病及治未病，并依据其五十余年的临床、教学工作经验，提出以五季调身为特点的"本草·膳"之法，随即鄙人在刘教授学术思想的指导下，结合包括中医学、中药学、方剂学、药膳学、民间医学、民族医学、全息医学、免疫学、感染病学、眼科学、营养学等医学领域以及宏观经济学、商业模式创新、现代企业文化构建、产业技术战略、政治社会学、历史学、金融学、文化艺术等众多领域志同道合的专家、学者，组建优秀的"本草"团队，并以刘学文教授得意弟子、对"本草·膳"也研究颇深的方振伟医生为执行主编，共同为《本草·膳——五季调身》的成书奋力前行！我们怀揣着相同的理想和目标，希望为祖国中医事业略尽绵薄之力。我们深知踏踏实实把一件事做到极致，便是成功。在真正开始创作本书之前，鄙人花了整整三年的时间做准备工作，用一年的时间阅读相关书籍，用两年的时间深入考察，足迹遍布大江南北。内蒙古的羊、长白山的参、广东的橘皮、济南的玫瑰花、杭州的茶、辽宁的鹿、韩国先进的草药提取技术等，悉心研究食药材，搜集整理资料，然后带着两大箱资料和书籍，回到沈阳的办公地点。团队成员呕心沥血、艰辛写作的情景我还历历在目。通常情况下，我都是在凌晨两点到

三点入睡，有时甚至延伸到四五点，天亮以后才睡觉的现象也时有发生。做到家庭和工作的平衡是写书过程中最难的。团队成员的年龄构成以中年人为主，当然既有高龄者如刘学文教授年近80岁，亦有优秀的90后的青年才俊，但多数成员上有老父母需供养，下有妻儿需陪伴。即使这样的情况下，大家还是陪我走完了这一段艰辛的旅程。经过3次框架修改、12次大规模改稿，终于成就了今天的《本草·膳——五季调身》。成书之日，回忆起曾经那不分昼夜、穿梭在办公室辛勤工作的日子，我百感交集。此书是有关本草科技的重要组成部分，不仅是对我们团队，更是对读者对祖国医药事业发展的一份堪称完美的答卷。

疾病和健康是每个人都必须面对的话题。从某种意义上讲，健康是短暂的，疾病却是永恒的。一阴一阳之谓道，看似深奥，实为平衡之道。本书中的药、食相配，从最重要的衣食住行中的"食"，调整人体的平衡，而最终达到保健祛病的作用。

在本书膳食的实际应用中，要注意食材与食材之间的配伍关系、食材与药材之间的配伍关系、膳食与器皿之间的配伍关系、膳食与人体机能之间的关系、膳食与五季之间的关系和膳食与地理环境之间的关系。本书中食药材之间的配伍严格遵循中药配伍原则，严守"十八反""十九畏"。妊娠妇女、儿童、老年人、精神疾患者及其他特殊人群等，须在医生指导下食用本书中所载膳食。膳食的制作与食用中有些注意事项，例如，食用具有防治感冒的膳食时，不宜进食过分油腻的食物；糖尿病患者忌食高糖膳食；体质易过敏者当忌食含有鱼、虾等膳食；食用含有首乌的膳食忌萝卜等均需注意。在膳食制作过程中，还应该注意膳食色、香、味、形之间的平衡，膳食应该具备用膳者可接受的、促进食欲的外形、色泽及香味，还要特别注意口味问题，要隐药于食，要让用膳者意识到是在享受美食而不是在吃药治病，要在感官上体现美食特点，功效上展现药膳优势。

此外，编委会同时也在进一步探讨通过合理膳食搭配以缓解长时间应用电子产品、置身于光污染、高分贝噪音等引起人体不适的状况。

结合实际生活，我们还提倡茶文化，将中医理论与传统文化有机结合，提出五季六经茶的概念。以六类不同发酵程度的茶种（绿茶、白茶、黄茶、青茶、红茶、黑茶），分别对应六经（肝经、心经、心包经、脾经、肺经、肾经）。春季（立春至谷雨）适饮不发酵之绿茶，绿茶入肝经，可清养肝脏、调畅气机。夏季（立夏至夏至）适饮微发酵之白茶，白茶入心经、心包经，可清心火、涵养心包。长夏季（小暑至大暑）适饮轻发酵之黄茶，黄茶入脾经，可祛湿解暑、濡养脾胃。秋季（立秋至霜降）适饮半发酵之青茶，青茶入肺经，可清宣燥热、润养肺脏。冬季（立冬至大寒）适饮全发酵之红茶、后发酵之黑茶，红、黑二茶入肾经，可滋肾固肾、温补肾阳。

自2016年12月25日《中华人民共和国中医药法》颁布以来，深切感觉到党和政府对我们中医药事业发展的大力扶持。近年来，亦有辽宁省中医药健康产业校企联盟对我们鼎力协助，我们的团队作为中医盛世的见证者、亲历者和参与者，必将砥砺前行，做到不负祖师不负民，肩负好中医传承的使命。方振伟主编自2019年7月担任医疗人才"组团式"援藏专家，助力那曲市人民医院建立世界上海拔最高中医康复中心，并以中医为抓手，引领藏医、蒙医、苗医等民族医学回归，打造传统融合医学，为《本草·膳——五季调身》在高原得到发扬注入新的活力。纵然团队成员兢兢业业、力求完美，但面对浩瀚的知识海洋，囿于个人能力的不足，此书难免存在一定的对本草理念、对中医养生的片面认识，并且还有与市场、与社会结合的程度尚需完善等问题。此书不足之处，敬请广大读者指正。

感谢一路上陪我们披荆斩棘、砥砺前行的所有人！

思可味有限公司《本草·膳——五季调身》编委会

主要参考文献

[1] 韦大文, 吴明轩. 中国药膳良方 [M]. 北京: 中国中医药出版社, 1995.

[2] 郝爱真. 滋补保健药膳 [M]. 北京: 中国环境科学出版社, 1999.

[3] 刘正华. 家庭药膳与疾病食疗 [M]. 北京: 中国书店, 1993.

[4] 梁玉虹. 云南药膳 [M]. 云南: 云南科技出版社, 1998.

[5] 刘玉兰, 王德润, 马立森, 等. 千家食疗妙方 [M]. 北京: 北京科学技术出版社, 1992.

[6] 刘强. 实用回春药膳 [M]. 青海: 青海人民出版社, 1998.

[7] 谢春生. 现代家庭滋补药膳 [M]. 北京: 科学技术文献出版社, 1997.

[8] 彭铭泉. 益智健脑药膳 [M]. 广州: 华南理工大学出版社, 2002.

[9] 王峻. 延年益寿精方选续集 [M]. 四川: 四川科学技术出版社, 1989.

[10] 杨连生. 中医饮食疗法 [M]. 吉林: 吉林人民出版社, 1991.

[11] 刘光明. 家庭实用药粥 [M]. 上海: 上海科学技术出版社, 2004.

[12] 蔡其武, 蔡荟梅. 银杏药用保健美容良方 [M]. 安徽: 安徽科技出版社, 2006.

[13] 余彦文. 李时珍述药菜谱 [M]. 湖北: 湖北科学技术出版社, 1991.

[14] 陈志勇. 家庭必备的参考书 [M]. 广东: 广东经济出版社, 1999.

[15] 刘丽华. 食疗验方 [M]. 吉林: 延边大学出版社, 2008.

[16] 刘承启. 四季食疗与养生 [M]. 北京: 中国市场出版社, 2006.

[17] 陈冰. 肥胖症药膳 [M]. 北京: 科学技术文献出版社, 2003.

[18] 雷载全. 实用食疗方精选 [M]. 北京: 中医古籍出版社, 1998.

[19] 刘继林. 食疗本草学 [M]. 四川: 四川科学技术出版社, 1987.

[20] 忽思慧. 饮膳正要 [M]. 北京: 中国中医药出版社, 2009.

[21] 彭鹏, 周彭. 中国食疗学 [M]. 北京: 中医古籍出版社, 1987.

[22] 刘春浦，刘一平.家庭常用食补食疗妙方[M].北京：书目文献出版社，1993.

[23] 李珍.食疗偏方大全[M].陕西：西北大学出版社，1993.

[24] 陆书诚.奇难杂症食疗便方[M].广西：广西民族出版社，1989.

[25] 冯姗姗.食疗方[M].北京：北京科学技术出版社，2010.

[26] 孙思邈.千金食治[M].北京：中国商业出版社，1985.

[27] 刘强.药食两用中药应用手册[M].北京：中国医科，2006.

[28] 杨泽滨.老年营养与膳食[M].山西：山西科学技术出版社，2009.

[29] 常敏毅.实用抗癌药膳[M].北京：中国医药科技出版社，1991.

[30] 刘献祥.实用骨伤药膳疗法[M].福建：福建科学技术出版社，1995.

[31] 周范林.新编火锅菜谱大全[M].北京：中国林业出版社，2001.

[32] 王正芳.人参[M].天津：天津科学技术出版社，2005.

[33] 王德群.中华十大名贵补药[M].上海：上海中医药大学出版社，2002.

[34] 秦明珠.中医食疗[M].福建：东南大学出版社，1997.

[35] 孟宪洗.食疗本草[M].河南：中州古籍出版社，2013.

[36] 唐沙波.巴渝特色菜[M].四川：四川科学技术出版社，2007.

[37] 彭铭泉.高血压病四季药膳[M].河南：中原农民出版社，1970.

[38] 韦旭斌.鹿产品珍方与药膳[M].吉林：吉林科学技术出版社，2004.

[39] 李杲.兰室秘藏[M].北京：中国书店，1986.

[40] 林余霖.中华药材养生全书[M].北京：中医古籍出版社，2009.

[41] 魏太星.药补篇[M].河南：河南科学技术出版社，1984.

[42] 高学敏.400种常用国药养生保健全知道[M].上海：上海科学普及出版社，2011.

[43] 马汴梁.中医补阴阳养生法[M].北京：人民军医出版社，2011.

[44] 马汴梁.中医补气血养生法[M].北京：人民军医出版社，2010.

[45] 董兴鲁，良石.跟国医大师学保健[M].河北：河北科技出版社，2011.

[46] 何凤娣.养生先养气血：气血双补养生养颜经[M].北京：中国妇女出版社，2010.

[47] 徐宁.国医24节气养生智慧[M].北京：化学工业出版社，2011.

[48] 李显波，于富荣，王洪钦.饮食中的养生秘密[M].北京：化学工业出版社，2011.

[49] 张国玺.养生就该这么养[M].北京：中国盲文出版社，2011.

［50］万象文化编写组. 本草养颜［M］. 内蒙古：内蒙古人民出版社，2011.

［51］王旭东. 中医进补全书［M］. 上海：上海中医药大学出版社，2001.

［52］刘春生. 80味中药滋补全家［M］. 北京：化学工业出版社，2012.

［53］都占陶. 家庭中医养生一本通［M］. 北京：中国轻工业出版社，2011.

［54］董建军，吴非. 24节气养生宜忌与饮食秘方［M］. 北京：人民军医出版社，2012.

［55］卢传坚，丁邦晗. 慢性病养生指导［M］. 北京：人民卫生出版社，2013.

［56］施小墨. 施小墨：会补更长寿［M］. 北京：化学工业出版社，2011.

［57］王淑君，吕岳. 名贵中药如何进补［M］. 北京：人民军医出版社，2010.

［58］彭铭泉. 中国药膳大典［M］. 山东：青岛出版社，2000.

［59］彭铭泉. 四季调养药膳［M］. 北京：北京科学技术出版社，2004.

［60］彭铭泉. 常见病药膳［M］. 北京：北京科学技术出版社，2004.

［61］潇雪. 菜疗［M］. 北京：世界图书出版公司，2006.

［62］林秋香. 大补元气食谱［M］. 浙江：浙江科学技术出版社，2007.

［63］郭月英. 五大族抗病食谱［M］. 浙江：浙江科技出版社，2002.

［64］顾奎琴. 中华家庭药膳全书［M］. 北京：中医古籍出版社，2005.

［65］方宣城，程久兵. 家庭药膳［M］. 北京：中医古籍出版社，2007.

［66］倪世美. 中医食疗学［M］. 北京：中国中医药出版社，2009.

［67］王玉学. 家庭实用药膳食疗大全［M］. 黑龙江：黑龙江科学技术出版社，2004.

［68］王光熙，戚文英. 家庭实用药膳小全书［M］. 河南：河南科学技术出版社，1995.

［69］北京新东方烹饪学校. 美味药膳［M］. 北京：中国中医药出版社，2005.

［70］瞿岳云，张凤鹅. 中国传统药食补益大全［M］. 湖南：湖南科学技术出版社，2005.

［71］黄德随. 滋补中药保健菜谱［M］. 北京：科学技术出版社，1984.

［72］冷方南. 中华临床药膳食疗学［M］. 北京：人民卫生出版社，2000.

［73］瞿岳云. 中医补益大成［M］. 湖南：湖南科学技术出版社，1992.

［74］彭铭泉. 中国药膳大全［M］. 四川：四川科学技术出版社，1987.

［75］彭铭泉. 中国药膳学［M］. 北京：人民卫生出版社，1985.

［76］冯宏来，刘现林. 养生国膳［M］. 北京：人民卫生出版社，2011.

［77］李永来. 中华食疗［M］. 黑龙江：黑龙江科学技术出版社，2012.

[78] 邓明鲁，夏洪生，段奇玉，等.食疗食材精品399［M］.吉林：吉林科学技术出版社，2011.

[79] 张力群，赵贵铭.中国各民族民间药食全书［M］.山西：山西科学技术出版社，2008.

[80] 养生堂膳食营养课题组.食物养生金典［M］.北京：中国轻工业出版社，2008.

[81] 彭铭泉.中国药膳传说与制作［M］.北京：人民军医出版社，2008.

[82] 中央电视台《中华医药》栏目组.药膳宝典［M］.上海：上海科文出版社，2007.

[83] 刘志勇，游卫平，简晖.药膳食疗学［M］.北京：中国中医药出版社，2017.

[84] 叶任高.家用食疗补养大全［M］.北京：人民军医出版社，2004.

[85] 李秀美，李学喜，周金生.中国药膳精选［M］.北京：人民军医出版社，2009.

[86] 俞小平，等.中国保健食谱［M］.北京：科学技术文献出版社，1999.

[87] 李秀英.中国保健中药［M］.北京：科学技术文献出版社，2000.

[88] 杨景海.药用膳食精萃［M］.广西：广西科学技术出版社，1999.

[89] 夏翔，施杞.中国食疗大全［M］.上海：上海科学技术出版社，2006.

[90] 卢和，汪颖.食物本草［M］.北京：作家出版社，2013.

[91] 周守忠.养生类纂［M］.北京：中国中医药出版社，2018.

[92] 李鹏飞.三元参赞延寿书［M］.北京：中国书店影印，1987.

[93] 虞舜等.中华食疗本草经典文库［M］.江苏：江苏科学技术出版社，2008.

[94] 章穆.调疾饮食辨［M］.北京：中医古籍出版社，1999.

[95] 王者悦.药膳治百病［M］.吉林：吉林科学技术出版社，1993.

[96] 赵映前.家庭药膳全书［M］.湖北：湖北科学技术出版社，1997.

[97] 王志坚.中药壮阳秘方精选［M］.海南：海南摄影美术出版社，1997.

[98] 张瑞贤.生活中的中医药［M］.北京：中医古籍出版社，1999.

[99] 杨柏灿，文小平.方药学［M］.上海：上海科学技术出版社，2010.

[100] 黄保民.老年病保健药膳［M］.广东：海天出版社，2004.

[101] 宋一同，刘献祥.实用骨伤药膳425种［M］.北京：中国华侨出版社，1994.

［102］叶学益.常用食物相克1000问［M］.河北：河北科技出版社，2006.

［103］王金荣.膳食防癌指导［M］.上海：上海科学技术文献出版社，1993.

［104］邢用斌.家庭药膳［M］.重庆：重庆出版社，1998.

［105］刘进，梁茂新.食疗养生［M］.辽宁：辽宁科学技术出版社，1996.

［106］张登本.中医食疗20讲［M］.陕西：西安交通大学出版社，2013.

［107］王富春.性养生大成［M］.吉林：长春出版社，1995.

［108］宋富春.食疗常见病［M］.北京：中国林业出版社，2004.

［109］杨永良.中医食疗学［M］.北京：中国医药科技出版社，1992.

［110］方博.食物相克与相宜［M］.吉林：延边人民出版社，2008.

特别鸣谢

古语有云：国以民为本，民以食为天。

中华民族的历史源远流长，从刀耕火种到万物互联，我们正在进入一个新的时代。党的十九大指出：在新时代，社会主要矛盾已经转化为人民日益增长的美好生活需要和不平衡不充分的发展之间的矛盾，增进民生福祉是发展的根本目的。我们必须坚持以人民为中心的发展思想，从解决人民最关心、最直接、最现实的利益问题入手。新时代发展的新特征、新要求，为我们做好各项工作提供了时代坐标和科学依据。顺应人民群众对美好生活的期待，主动在思想上对表、行动上对标，推动实现发展更优质、生态更优良、人民生活更美好，是催生本书成书的动力和初衷。

这本书是充满东方智慧的生存指南，可谓体现了一门关系国运民生的天大的学问。

本书的成功出版是集体智慧的结晶，是跨界整合万雄集团董事会主席刘福龙朋友圈集思广益、团结协作的成果。在药食同源的理念指导下，编著委员会成员呕心沥血、夜以继日，历时八年有余，在浩如烟海、纷繁芜杂的祖先遗存中，抽丝剥茧、条分缕析、荟萃众说、考订谬误、删繁补阙，结合现代先进的中医学、药理学、营养学等理论和实践，成就了《本草·膳——五季调身》这一闪耀东方智慧之光的洋洋大作。

在此，谨代表编著委员会特别鸣谢：

合作社（以姓氏笔画为序）

　　大连万雄果菜专业合作社
　　西丰县思可味梅花鹿养殖专业合作社
　　安溪县思可味茶叶专业合作社
　　杭州临安区於潜思可味竹业产品专业合作社
　　岫岩满族自治县思可味柞蚕养殖专业合作社

个人（以姓氏笔画为序）

丁成军	丁晓明	于海鹏	马博	王飞	王东
王帅	王韧	王明	王彬	王微	王玉臣
王立斌	王若然	王英新	王昕睿	王忠臣	王金娜
王树矾	王海霞	方艳梅	方振峰	方德翠	邓光银
石岩江	史霞	付辅昌	代俊妍	成方兴	毕洪生
曲亚如	朱玉平	乔铁	刘肖	刘凯	刘强
刘东亚	刘汉岐	刘晓娜	刘淑贤	刘福胜	许宏
孙伟	孙玉芝	李天	李帅	李波	李天仪
李文龙	李光日	李连宽	李昌杰	李忠超	李春波
李晓娟	李效梅	李雪欣	肖飒玛丽	杨芊	杨帆
杨宝春	肖新洋	何宏钧	何晓倩	宋大平	宋光军
宋连海	宋铁军	张丹	张鹤	张久耕	张邦英
张连春	张国富	张树政	张砚铭	张香淑	张统鑫
张晓东	张浩洋	张惠敏	张黎黎	陈猛	陈红卫
邵立娟	林涛	尚鹏举	周秀	周艳凤	郑权
宛佳迎	孟昭民	赵静	赵艺海	郝旭阳	胡宝贵
南国雨	姜峰	祝军	费建娟	姚亮	秦琴
钱一强	徐劲	黄林	曹嵬	崔伟更	崔英军
崔鸿义	章利强	梁玉利	韩柯鑫	裴妍	臧广悦
翟晓松	董培新				

王伯权